普通高等教育“十二五”规划教材

建筑装饰材料与构造

编　著　丁立伟　陈金瑾　乔继敏
主　审　张　伟

中国电力出版社
CHINA ELECTRIC POWER PRESS

内 容 提 要

本书为普通高等教育“十二五”规划教材。

书中介绍了建筑装饰材料的品牌、特色，材料的性能、尺度、质量标准和适用范围等，并且将建筑装饰材料与建筑装饰构造结合起来介绍，以期把材料的应用讲深讲透。主要内容包括建筑装饰木材、陶瓷、石材、玻璃、石膏、板材、织物、木地板、塑料、胶黏剂、涂料以及装饰工程施工案例等。书中精选了部分建筑装饰新材料、新工艺、新构造和新设计，强调实践应用。

本书主要作为普通高等院校和高职高专院校环境艺术设计、景观设计、展示艺术设计等专业教材，也可作为建筑装饰施工管理、技术、预决算人员的参考用书。

图书在版编目（CIP）数据

建筑装饰材料与构造／丁立伟，陈金瑾，乔继敏编著．—北京：中国电力出版社，2011.6（2016.1 重印）
普通高等教育“十二五”规划教材
ISBN 978－7－5083－7813－8

Ⅰ.①建… Ⅱ.①丁…②陈…③乔… Ⅲ.①建筑材料：装饰材料－高等学校－教材②建筑装饰：建筑构造－高等学校－教材 Ⅳ.①TU56②TU767

中国版本图书馆 CIP 数据核字（2011）第 101354 号

中国电力出版社出版、发行
（北京市东城区北京站西街 19 号 100005 http://www.cepp.sgcc.com.cn）
北京盛通印刷股份有限公司印刷
各地新华书店经售
*
2011 年 6 月第一版 2016 年 1 月北京第四次印刷
787 毫米×1092 毫米 16 开本 8.25 印张 198 千字
定价 **36.00** 元

前言

在多年的环境艺术设计教学工作中，我们发现许多学生并不缺乏系统的理论知识，尤其是装饰效果图，无论是手绘还是电脑制作，学生都投入了大量的精力，也达到了预期的效果。然而，在实践教学中，许多学生却弄不清楚设计作品中的材料及其内部构造细节，这势必影响学生对装饰设计的理解，也给工程施工造成了不必要的麻烦。因此，一件好的环境艺术设计作品，不能只停留在“概念化”的设计阶段，而是要落实到具体实际应用上。

环境艺术设计是艺术、科学、工程、技术的综合学科，与平面广告、动画动漫设计属于同学科却有着根本的区别。环境艺术设计的生活性、审美性、趣味性特点，决定了材料与构造的重要。在装饰领域，不仅是设计师、学生需要了解装饰材料和构造，而且，施工方、监理方和业主也需要对材料有客观、准确地把握。装饰材料的品牌、特色，材料的性能、尺度、质量标准和适用范围，都是人们关注的焦点。

在以往的装饰材料与构造的教材中，材料和构造大多是分开论述的，致使许多装饰材料的讲述只是停留在表面，没有把材料的应用讲深讲透，尤其是装饰构造图中的材料，大多数的装饰材料教材没有涉及，这又恰恰是学习的难点，许多学生反映学完装饰材料课还是看不懂装饰构造图。在艺术设计教育注重实践与技能的时期，有必要编写一本关于装饰材料与构造一体讲解的书，让学生在短时间内对装饰材料和构造有全面了解，为环境艺术设计的学习奠定良好的基础。

经济的发展和人民生活水平的提高，促使装饰新材料、新工艺、新构造和新设计应运而生，我们也力图把我这些新知识编录进来，更加突出现实性和时代特色。

本书既可作为普通高等院校和高职高专院校的环境艺术设计、

景观园林设计、展示艺术设计专业教材，也可供装饰施工管理、技术、预决算人员参考。

本书目录、前言、绪论、第一、第二、第三、第十章由丁立伟编写；第四、第七、第八、第十一章由陈金瑾编写；第五、第六、第九、第十二章由乔继敏编写。在编写过程中，参考和借鉴了相关专家的资料，得到了张利院长的大力支持，也得到了许多专家、同行的帮助，在此一并表示感谢！山东轻工业学院张伟教授主审了本书并提出了宝贵意见，在此深表感谢！

由于编写时间仓促，书中难免会有疏漏和不妥之处，敬请广大师生和读者批评指正。

编　者

2011 年 5 月

目 录

绪　论

建筑装饰设计是一种创造性思维及表现的过程，是人们有意识地把材料转变成为具有使用价值或商品价值的计划。装饰材料在建筑装饰工程和装饰设计中起着重要的作用，科学地运用装饰材料与构造，能为建筑穿上合理的衣服，使之赋予生动的外表。

一、材料在建筑装饰设计和施工中的重要地位

装饰的目的就是为了美化空间环境，营造合理的空间氛围，提升建筑装饰品质。装饰材料是构成环境艺术形式的最基本元素，它是装饰设计的起点。当设计师在设计某件作品时，必须首先考虑应选用何种材料，材料选择得合理与否，对设计作品内在和外观质量影响极大，并体现出设计师的品位修养及文化追求。如果材料选择不当或考虑不周，就会歪曲整个设计构想，影响装饰的使用功能，有损于装饰形态的美感表现，从而大大降低建筑应有的使用价值和美学品质。

毋庸置疑，装饰设计的表现形式很大程度上受材料的制约，尤其受材料的物理特性如强度、硬度、耐水性等，以及表面特性如光泽、质地、肌理、图案等诸多因素的影响。如：艺术玻璃的色彩绚丽的质感效果、织物的柔软亲切、金属材料的冷艳，促成了建筑装饰从有限向无限丰富联想效果。因而，建筑装饰材料应用的恰当与否是装饰设计工程成败的关键所在，只有了解、把握材料的特性，才能充分发挥每一种材料的优点，物尽其用，满足装饰设计工程的各项需求（见图 0－1）。

图 0－1　木作材质之美

一般说来，在建筑装饰设计工程中装饰材料所占比例，可达总预算的 50% ~ 70%，选择材料时要注意经济、美观、实用的统一，对降低工程总造价提高装饰效果的艺术性具有重要意义。

二、材料的分类

建筑装饰材料种类繁多，从气态、液

态到固态，从单一材质到合成物表现为各种形态。无论是传统材料还是现代材料，无论是天然材料还是人工材料，无论是单一材料还是复合材料，均是实现设计的物质基础。为了更好地了解材料的全貌，可以从以下几个角度对材料进行分类。

（一）按材料的来源分类

一是天然材料——不改变在自然界中所保持状态或只施加低度加工的材料，如木材、竹、棉、毛、皮革、石材等（见图0－2）。

图0－2　皮革制作的家具

二是加工材料——利用天然材料经不同程度的加工而得到的材料，依据加工程度从低到高有人造板、纸、水泥、金属、陶瓷、玻璃等（见图0－3）。

三是合成材料——利用化学合成方法将石油、天然气和煤等原料加工制造而得的高分子材料，如橡胶、塑料、纤维等。

四是复合材料——用有机、无机和非金属乃至金属等各种原材料复合而成的材料。

（二）按材料的物质结构分类

按材料的物质结构可以把建筑装饰材料分为四大类（见表0－1）。

一是金属材料：如黑色金属、有色金属等；
二是无机材料：石材、陶瓷、玻璃、石膏等；
三是有机材料：木材、皮革、塑料、橡胶等；
四是复合材料：玻璃钢、碳纤维复合材料等。

表0－1　　建筑装饰材料按材料的物质结构分类

<table>
<tr><td rowspan="2">金属材料</td><td>黑色金属材料</td><td colspan="2">不锈钢、彩色不锈钢、铁、普通钢等</td></tr>
<tr><td>有色金属材料</td><td colspan="2">铝及铝合金、铜及铜合金、金、银等</td></tr>
<tr><td rowspan="5">无机材料</td><td rowspan="5">无机非金属材料</td><td>天然饰面石材</td><td>天然大理石、天然花岗岩等</td></tr>
<tr><td>烧结与熔融制品</td><td>烧结砖、陶瓷、琉璃及制品、铸石、岩棉及制品等</td></tr>
<tr><td rowspan="2">胶凝材料</td><td>水硬性胶凝材料：白水泥、彩色水泥等</td></tr>
<tr><td>气硬性胶凝材料：石膏及制品、水玻璃等</td></tr>
<tr><td colspan="2">装饰混凝土及装饰砂浆、白色及彩色硅酸盐制品等</td></tr>
<tr><td rowspan="2">非金属材料</td><td rowspan="2">有机材料</td><td>植物材料</td><td>木材、竹材</td></tr>
<tr><td>合成高分子材料</td><td>各种建筑塑料及制品、涂料、胶黏剂、密封材料等</td></tr>
<tr><td rowspan="3">复合材料</td><td>无机材料基复合材料</td><td colspan="2">装饰混凝土、装饰砂浆等</td></tr>
<tr><td>有机材料基复合材料</td><td colspan="2">树脂基人造装饰石材、玻璃纤维增强塑料（玻璃钢）等胶合板、竹胶板、纤维板、保丽板等</td></tr>
<tr><td>其他复合材料</td><td colspan="2">涂塑钢板、钢塑复合门窗、涂塑铝合金板等</td></tr>
</table>

（三）按装饰部位分类（见表0－2）

表0－2 建筑装饰材料按装饰部位分类

外墙装饰材料	包括外墙、阳台、台阶、雨篷等建筑物全部外露部位装饰用材料	天然花岗岩、陶瓷装饰制品、玻璃制品、地面涂料、金属制品、装饰混凝土、装饰砂浆等
内墙装饰材料	包括内墙墙面、墙裙、踢脚线、隔断、花架等内部构造所用的装饰材料	壁纸、墙布、内墙涂料、装饰织物、塑料饰面板、大理石、人造石材、内墙釉面砖、人造板材、玻璃制品、隔热吸声装饰板等
地面装饰材料	指地面、楼面、楼梯等结构的装饰材料	地毯、地面涂料、天然石材、人造石材、陶瓷地砖、木地板、塑料地板等
顶棚装饰材料	指室内及顶棚装饰材料	石膏板、矿棉装饰吸声板、珍珠岩装饰吸声板、玻璃棉装饰吸声板、钙塑泡沫装饰吸声板、聚苯乙烯泡沫塑料装饰吸声板、纤维板、涂料等

三、建筑装饰材料的发展趋势

装饰材料的运用伴随着人类的产生而产生，并随其发展而不断发展。从最早的石、木、土的基本运用，到有冶炼术而产生的铁、铜、金、银及各种编织物的广泛应用。人类从没间断对新材料的探索，几乎是每一次新材料的发现都会有一些新技术、新设计的产品出现，推动建筑及其装饰的发展（见图0－3）。

图0－3 新型中空玻璃材料在公共建筑中的运用

（一）建筑装饰材料发展的总趋势

建筑装饰材料发展的总趋势是新材料日新月异，性能越来越好。工艺技术水平的提高使新材料在表现天然和传统材料表现效果的同时，改变并提升了其材质性能，且能广泛地适应装饰加工工艺的要求，应用于更广泛的装饰环境中。例如：人造大理石板，沿袭了天然石材坚硬、纹理优美的优点，去除了石材易碎、老化的缺点，成为一种新型建筑装饰材料；铝塑板，可弯、可折、易加工、施工方便、色彩丰富的特点，改变了传统建筑装饰设计和施工的习惯；墙纸，出现了防污染、防菌、防蛀、防火、隔热、调节湿度、防X射线、抗静电等不同功能的墙纸。

陶瓷面砖正逐步取代塑料、金属等饰面材料。其主要原因是塑料易老化、易燃烧，金属饰面材料易腐蚀、价格高，而陶瓷面砖具有坚固耐用、易清洗、色彩鲜艳，防火、防水、耐磨和维修费用低等优点。目前国外的陶瓷面砖品种正朝多样化方向发展。

（二）建筑装饰材料的基本发展方向

首先是复合化、多功能、预制化方向，就是利用复合技术和特殊性能材料提高材料的性能。复合装饰玻璃、组合装饰玻璃、高强凹凸装饰玻璃、最新开发的“立体影像玻璃”将成为人们关注的热点。金属或镀金属复合材料成为颇具市场发展潜力的装饰用料（见图0－4）。

图0-4 绿色装饰材料在酒吧中的运用

其次是向高性能材料方向发展，将研制轻质、高强度、高耐腐蚀性、高防火性、高抗震性、高保温性、高吸声性等的装饰材料。阻燃、防火、抗水、耐磨等高性能材料将成为市场新宠，其中浮雕型面砖、艺术抛光仿花岗石无釉地砖等材料，将以其质轻、保温隔音、艺术性强等优点而被广泛应用。

再次，材料在向着绿色环保化、新型复合化的方向发展。这些新材料的出现，对提高并完善装饰空间的使用功能、经济性、加工施工进度、艺术效果处理有十分重要的意义。

四、建筑装饰材料与装饰构造课程的学习目的与学习方法

本课程是建筑装饰、展示设计、工业造型、视觉传达设计等专业的主干课程，是环境艺术设计专业的核心课程，相关知识是从事上述专业必备的专业知识。本书把“建筑装饰材料”和“建筑装饰构造”二者整合是复合教学需要，更是两者互为依存不可缺少的专业工作需要，使学生在获得相关建筑装饰材料和构造的基本理论和基础知识的同时，为今后建筑装饰设计、展示设计、工业造型设计、施工以及了解装饰内部构造打下良好的基础，为实现合理设计，正确地选用材料，科学地使用材料提供保证。

建筑装饰材料品种繁多，日新月异，初学者会感觉眼花缭乱，无所适从。要做到熟练掌握、得心应手，需从以下角度把握。

一是以建筑装饰材料为主线，兼顾建筑装饰构造，在学习的同时灵活掌握材料的特性，合理运用各种材料，科学运用各种加工应用的技术，巧妙利用各种材料间的相互关系。

二是学会利用对比分析法，通过比较个别装饰材料及其内部构造，来把握它们的特性和共性。

三是学会运用理论联系实际的学习方法。材料与构造是一门实践性极强的课程，学习适应注意理论与实际的结合，利用各种机会观察周围已经完成和正在施工的建筑装饰工程，提出自己的问题，在学习过程中不断深入探寻答案，并在实践中充实所学内容。

第一章

建筑装饰材料特性

材料是建筑装饰的基本元素，建筑装饰工程离不开装饰材料，了解和掌握材料的基本性质，正确地评价和运用材料，灵活地运用技术条件，将材料性能发挥到最大限度，是学习建筑装饰材料的主要目的，也是对设计师的基本要求。

第一节　建筑装饰材料的基本性质

在正常使用状态下，材料总要承受一定的外力、自重力、周围各种介质的作用，以及各种物理化学作用。因此，建筑装饰材料除了必须具备适应各自装饰效果以外，还应具有抵抗上述各种作用的能力。

一、建筑装饰材料综述

（一）建筑装饰材料的基本特性

建筑装饰材料包含了两方面的特性：固有特性和派生特性。

固有特性是指材料的物理特性和化学特性，如力学性能、热性能、电磁性能、光学性能、防腐性能等；派生特性是由固有特性派生出来的，即材料的加工特点、感觉特征、经济特性等。这些特性的综合效应决定了建筑装饰设计的基本特性（见图1－1）。

图1－1　不同装饰材料组成的公共空间

材料所表现出的特性是材料内部结构的外在表现，受内部微观结构的制约，其中内部结构只有用特殊的方法才能观察到，它的变化是通过材料的性能变化被人们感知的，比如材料的“硬”、“软”、“脆”“韧”对某种环境是否敏感的感性认识。对材料的认识包括宏观领域的认识和微观领域的认识，宏观物体由微观物质组成，材料的宏观性能（物理性能、化学性能）是由微观结构所决定的。

（二）建筑装饰材料的基本评价

对建筑装饰材料的评价一般分为两个部分：基础评价和综合评价。在基础评价中我们一般从物质评价和性能评价两个方面进行。物质评价是对材料的组成、结构、密度、形态、组织等因素认识的评价。性能评价包括物理性能和化学性能两个方面。物理性能包括机械性能（强度弹性等）、热性能（热膨胀、热传导、耐热性等）、电磁性能（导电性、导磁性等）、光学性能（颜色、反射率、偏光率等）；化学性能包含耐酸碱性、耐臭氧性等。对材料的综合评价一般从材料的寿命、耐环境性、可靠性、安全性等方面进行评价。

二、材料的固有特性

固有特性是由材料本身的组织结构决定的，是受外界条件的限制和制约，是在使用条件下表现出来的性能。

（一）材料的密度

材料的密度大小取决于材料的组成与材料的微观结构。

（二）材料的力学性能

材料的力学性能包括材料的强度、弹性、可塑性、脆性和韧性等。

材料的强度：指材料在受到一定外力的作用时抵抗外力所造成的破坏和塑性变形的能力。强度是评定材料质量的重要力学指标，是设计中选用材料的主要依据。由于外力作用的方式不同，材料的强度可分为抗压强度、抗扭强度、抗弯曲强度和抗剪强度等。

材料的弹性和可塑性：弹性材料在受外力作用下而发生变形，外力除去后仍能恢复原状的性能，这一变形称为弹性变形；塑性是指在外力作用下产生变形，当除去外力时仍能保持变形后的形状，而不是恢复原有形状的性能，这一变形称为永久性变形。

材料的脆性和韧性：指材料受一定的外力作用达到一定限度时，产生明显变形直至破损或仅在变形后又可恢复原有形态的性能。脆性材料受外力的作用易破碎，不能承受较高的局部应力；韧性材料则正好相反，韧性指的是材料在受到冲击荷重或震动荷载下仍能承受很大的变形而不至于被破坏的性能。

材料的硬度：指材料表面抗塑性变形和抗破坏的能力，材料硬度值随试验方式的不同而异。

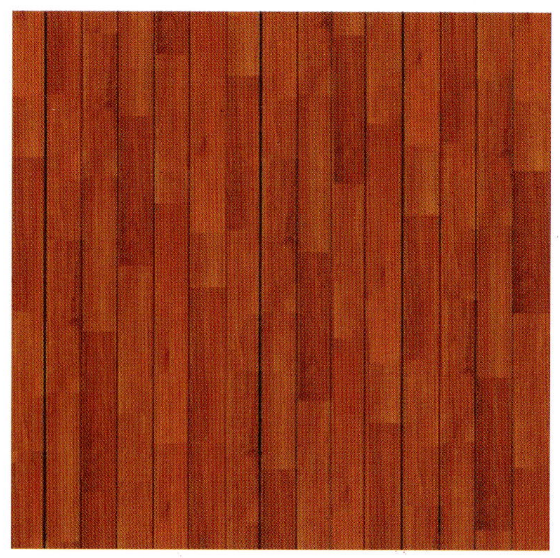

图1－2　注重材料耐磨度的复合木地板

耐磨性：耐磨性的好坏常以磨损量作为衡量的指标，磨损量越小，说明材料的耐磨性越好。现在市场上的装饰强化木地板，注重地板表面的耐磨度，在选用时耐磨系数越高，产品质量就越好（见图1－2）。

（三）材料的热性能

材料的热性能包括以下几个方面。

材料的导热性：指材料将热量从一侧表面传递到另一侧表面的能力，通常用导热系数来表示，导热系数小，表明是热的绝缘体，如高分子材料；导热系数大，表明是热的良导体，如金属材料。

材料的耐热性：指材料长期在热环境下

抵抗热破坏的能力，通常用耐热度来表示。晶态材料以熔点温度为指标，如金属材料、晶态材料；非晶态材料以转化温度为指标，如玻璃等（见图1－3）。

耐热性：指材料对火焰和高温的抵抗性能。根据材料耐燃能力可分为不燃材料（石头、金属等）、易燃材料（木料、塑料等）。

热胀性：是材料由于温度的变化而产生的热胀冷缩的性能，通常用线膨胀系数来表示，热膨胀以高分子材料为最大，金属材料次之，陶瓷材料最小（见图1－4）。

图1－3　装饰玻璃

图1－4　高耐热装饰陶瓷洗手盆

耐火性：指材料长期抵抗高温而不熔化的性能，也称耐熔性，耐火材料在高温下不变性、能承载。按照耐火度可分为耐火材料、难熔材料和易熔材料。

（四）材料的电性能

材料的电性能包括以下方面。

导电性：材料传导电流的能力，通常用电导率来衡量导电性能的好坏，电导率大的材料导电性能好。

电绝缘性：与导电性相反，通常用电阻率、介电常数、击穿强度来表示。电阻率是电导率的倒数，电阻越大，材料的绝缘性越好；击穿强度越大，材料的电绝缘性越好；节电常数越小，材料的电绝缘性越好。

（五）材料的磁性能

磁性能是指金属材料在磁场中被磁化而呈现出的磁性强弱的性能。

铁磁性材料，是指在外加磁场中，能强烈被磁化到很大的程度的材料，如铁，钴、镍等。

顺磁性材料，是指在外加磁场中被微弱磁化的材料，如锰、铬、钼等。

抗磁性材料，是指能够抗拒或减弱外加磁场磁化作用的材料，如铜、金、银、铅、锌等。

（六）光性能

光性能是指材料对光的反射、透射、折射的性能。如材料对光的透射率越高，材料的透明度越好，建筑装饰材料中的清玻璃透明性最好；磨砂玻璃、雕花玻璃、夹丝玻璃属透明性较差的材料，适用于不同的装饰环境（见图1－5）。

（七）材料的化学性能

材料的化学性能是指材料处在不同温度环境时抵抗各种介质或电化学侵蚀的能力，是衡量材料性能优劣的主要质量指标。它主要包括材料的耐腐蚀性、抗氧化能力和耐候性。

图1－5　玻璃砖组成的不透明装饰墙

耐腐蚀性：材料抵抗周围介质的腐蚀和破坏能力。

抗氧化性：材料在常温或高温时抵抗氧化的能力。

耐候性：材料在各种气候条件下，保持其物理性能和化学性能不变的性质，如玻璃、陶瓷的耐候性好，塑料的耐候性则较差。

第二节　建筑装饰材料的外在特性

一、建筑装饰材料的装饰性

在建筑装饰设计和施工中，材料的装饰性决定了空间的造型、色彩、肌理等心理效能，不同用途的物体需要与之相适应的材料来完成。如用天然大理石、花岗岩铺设的装饰地面，美观耐用；用布料来构成布幔，飘逸轻柔；用玻璃来构成窗户、隔断，透明采光等。材料的装饰效果是由质感、形状和色彩构成的，质感要细腻、逼真，色彩要考虑空间用途、视觉感受。材料的使用重点不在于对物质原有的形的利用，而在于使物体的表面状态让人通过视觉和触觉产生美感。对于装饰材料除了要研究材料本身的特性之外，还要研究材料的加工手段和方法，从而使材料在装饰设计中发挥更好的效果（见图1－6）。

图1－6　装饰材料质感美

（一）材料的颜色、光泽度、透明性

色彩是材料表面对光的吸纳和反射产生的结果。不同的材料呈现出不同的色彩，不同的色彩给人的感觉不同，如红色、橘红色给人温暖、热烈的感觉，绿色、蓝色给人一种宁静、清凉、寂静的感觉。

光泽度是材料表面方向性反射光线给人形成不同的感觉的特性。材料表面越光滑，则光泽度越高。当为定向反射时，材料又具有镜面的特征，又称镜面反射。不同的光泽度，可以改变材料表明的明暗程度，并可扩大视野或造成不同的虚实效果对比。

透明性是光线透过材料的性质。根据材料的这一特质可以将材料分为透明、半透明、不透明。利用不同透明度的装饰材料在建筑装饰设计中可以有效地调整光线的明暗，造成所需光照的特殊视觉效果，也可以使物像清晰或者朦胧。

（二）花纹图案、形状、尺寸

在建筑装饰设计中，利用不同的工艺将材料表面做成各种不同的表面组，如粗糙、平整、光滑、镜面、凹凸、麻点等（见图1－7）；或者将材料的表面制作成各种花纹图案或拼镶成各种图案（见图1－8）。改变材料的形状和尺寸，并配合花纹、颜色、光泽等可以拼镶出各种线性和图案，从而可以获得不同的装饰效果，以满足不同的建筑装饰设计空间形体和形式的需要，最大限度地发挥材料的装饰性。

图1－7　具有凹凸肌理效果的装饰材料

图1－8　具有各种花纹图案的装饰材料

质感是材料表面的组织结构、花纹图案、颜色、光泽、透明性等给人的综合感，如钢材、陶瓷、木材、玻璃、呢绒等材料在人的感觉器官中的软硬、轻重、粗犷、细腻、冷暖等感觉。组成成分相同的材料可有不同的质感，如普通玻璃和刻花玻璃。相同的表面处理形式往往具有相同或者是相似的质感，但是有时又不完全相同，如人造的花岗岩、人造木料一般都没有天然的花岗岩和木材感觉轻巧、真实，而略显呆板和单调。

二、材料的加工工艺

材料的加工工艺是指材料适应各种加工和工艺处理要求，最终成为目标制品的能力，以及材料在加工成型过程中所表现出来的特性。如通过何种方法成型，成型方法对结构形态设计有何要求，成型质量是否优良，成型方法是否多样，成型成本是否经济，成型效率的高低等。

三、材料的心理体验

材质的美是人对材质的熟悉和了解。一般说来，传统的自然材质朴实无华却富于细节，

图 1－9　石头的粗糙美

它们的亲和力要优于新兴人造材质。新兴的人造材质大多质地均匀，但缺少天然的细节和变化。同时，材料受地域文化及个人经验的影响，产生与人的生理感觉、心理知觉相关的不同特性，如材料的质地、纹理、音质、冷暖、软硬、轻重、贵贱、雅俗、亲远、好恶等。例如，石头给人古朴、沉稳、庄重、神秘的感觉，而木材则体现出自然、温馨、健康、典雅的情调，金属是工业、力量、沉重、精确的象征，玻璃则展现出整齐、光洁、锋利、艳丽的内涵（见图 1－9）。

从建筑装饰中我们可以明显地感觉到不同的材料给人的不同心理体验。由玻璃设计的隔断或橱窗装置，让人感觉通透敞亮，原木制作的展柜与展橱则体现着纯净天然的田园气息。现代装饰设计在经历了现代科技主义的风格后，开始向后现代的人文情趣风格转变。材质的审美标准也随之发生相应的变化。材质在经历的 20 世纪的科技崇拜后，材质的亲和美重新被人们所审视。传统材料被现代装饰设计所看重，设计不再单纯地选用玻璃和铝合金框架，而采用古典的、田园式的砖石和木材制作，再涂上平和美丽的油漆，配上一些较有情趣味道的小物品，工艺古老而简单。自然清淳的田园式装饰设计，设计者通过这种对材料的用心选择、色彩的精心搭配和功能的合理配置表现了一种对人性的关怀：不再单纯以冰冷的不锈钢管和铰链，给人亲近和亲和力，从而打消千篇一律的预制件结构，增加装饰的情趣，也有利于人们对装饰空间产生放松的心情，从而对装饰设计终极目标的实现产生良好的效果。

四、材料的经济性

材料的经济性指的是材料的经济性指标，包括材料的价格、加工成本等多因素构成材料的经济特征。在设计过程中除了材料本身的价格影响装饰工程成本预算以外，材料的加工工艺对成本也有巨大的影响。对于竞争力强的材料体现在其加工成形简便、成型质量可靠、对成型设备要求低、表面性能优越等方面。

由于装饰材料多种多样，能相互替代的产品很多，而不同材料必定存在或大或小的差价，大量表面处理工艺的进步，能够使用价格相对便宜的材料取代昂贵的材料。设计时就应在保证装饰效果、使用安全的前提下，选择使用施工工艺相对简单的材料。

材料的经济性不仅要优先考虑选用价格比较便宜的材料，而且要综合考虑材料对整个装饰设计制造、运行使用、产品维修乃至报废后的回收处理成本等的影响，以达到技术经济效益最佳。材料的经济性主要表现为以下两方面：一是材料的成本效益分析，在建筑装饰设计中，产品的成本应该由材料生命周期成本来表示。显然降低材料生命周期成本对制造者、使用者和回收者都是有利的。应该从材料本身的相对价格，材料的加工费用方面，提高材料的利用率。二是选材时还应考虑当时当地材料的供应情况，为了简化供应和储存的材料品种，应尽可能地就近取材。

第二章

建筑装饰木材

木材泛指用于建筑装饰中的木制材料，通常被分为软材和硬材。建筑装饰工程中所用的木材主要取自树木的树干部分。木材因取材和加工容易，自古以来就是一种主要的建筑装饰材料，特别是在中国传统建筑中更有绝好的表现。建筑装饰木材主要是经过加工、处理后用于室内外装饰的材料。

第一节　木材的基本知识

一、木材的特点

木材材质轻、强度高，有弹性，易于加工，易于表面涂饰，对电和热有较高的绝缘性，特别是木材有较为自然的纹理，使木材千百年来成为重要的建筑以及装饰装修的材料。其特点可以归结如下：

（一）天然性

木材是天然的，有独特的质地与构造，其纹理、年轮和色泽等能够给人们一种回归自然、返朴归真的感觉，深受人们喜爱（见图2－1）。

图2－1　原木截面图

（二）绿色材料

木材本身不存在污染，其散发的清香和纯真的视觉感受有益于人们的身体健康，与塑料、钢铁等材料相比，木材是可循环利用和持续利用的材料。

（三）优良的物理力学性能

木材是质轻而有较高强度的材料，具有良好的绝热、吸声、吸湿和绝缘性能。同时，木材与钢铁、水泥和石材相比具有一定的弹性，可以缓和冲击力，提高人们居住和生活的安全性。

（四）良好的加工性

木材可以方便地进行锯、刨、铣、钉、剪等机械加工和贴、粘、涂、画、烙、雕等装饰

图2－2　实木装饰家具

加工，实现理想的加工效果。

（五）较强的装饰性

木材天然纹理清晰，木质各异，通过各种加工手段形成独特的装饰性和表现力。

基于上述的特点，木质装饰材料迄今为止仍然是建筑装饰领域中应用最多的材料。它们有的具有天然的花纹和色彩，有的具有人工制作的图案，有的体现出大自然的本色，有的显示出人类巧夺天工的装饰本领，为装饰世界带来了清新、欢快、淡雅、华贵、庄严、肃静、活泼、轻松气氛（见图2－2）。

二、木材的分类

木材的分类依托树木的分布而形成。树木按树叶不同可分为针叶树和阔叶树两大类。

（一）针叶树

针叶树叶子细长呈针状，大多四季常青，树干通直且高大，纹理顺直，材质均匀，木质较软，易于加工，故称“软木材”。针叶树材有红松、落叶松、云杉、冷杉、杉木、柏木等。针叶树材的特点是：密度较小，材质较松软，主要供建筑龙骨、家具基层、装饰龙骨等用途。

（二）阔叶树

阔叶树树叶宽大，叶脉呈网状，大多为落叶树，树干通直部分较短，材质较硬，较难加工，故称硬木材。阔叶树材有桦木、水曲柳、沙比利、橡木、胡桃木、樱桃木、柞木、栎木、榉木、椴木、樟木、柚木、紫檀、酸枝、乌木等。大多数阔叶树材密度较大，材质较坚硬，更多地被用于家具和室内装修。

第二节　常用装饰木材

一、建筑装饰木材的分类

木质装饰材料按其结构与功能不同可分为木地板、装饰薄木、人造板、装饰人造板、装饰型材五大类。

（一）木地板

木地板有实木地板、拼花地板块、长条企口地板、软木地板、多层复合地板、三层复合地板、五层复合地板、复合强化地板、浸渍纸贴面复合强化地板、立木地板、六角形立木地板、立木拼花地板、人造板地板、集成材地板、贴面刨花板地板等（见图2－3）。

图2－3　樱桃木实木木地板

地板的基材最初均为原木，采用质地坚硬、花纹美观、不易腐烂的木材。这种以木材直接加工的所谓实木地板，由于其纯天然的构造，至今仍然在市场上畅销不衰。近些年来，由于人造板的迅速发展，采用胶合板、刨花板、硬质纤维板和中密度纤维板为基材进行二次加工制造地板已日渐风行。特别是采用中密度纤维板为基材，经三聚氰胺浸渍纸贴面加工而成的所谓复合强化地板，已成为人造板结构类地板中的佼佼者。

（二）装饰薄木

装饰薄木有天然装饰薄木、水曲柳刨切薄木、红榉刨切薄木、人造装饰薄木、仿胡桃木人造薄木、仿鸡翅木人造薄木等。

装饰薄木基材一般为花纹美观、质地优良的珍贵树种，而且生产要求材径粗大，限制了它的发展。随着技术的进步和生产的发展，出现了一种新的人造基材—人工木方。它是采用普通树种经过机械加工、漂白、染色等一系列工序后再经重新排列组合和胶压而成的。人工木方的构成有无数种方式，用它来刨切的薄木花纹也千姿百态，模拟的天然木材花纹惟妙惟肖，自创的人工图案巧夺天工。这样不仅大大扩展了装饰薄木基材的来源，而且使装饰薄木又出现了一个装饰图案变化多端的新品种（见图2－4）。

图2－4 装饰薄板

（三）木质人造板

木质人造板有纤维板、中密度纤维板、软质纤维板、硬质纤维板、刨花板、胶合板、细木工板、层积胶合板等。

木质人造板是装饰装修中大量应用的基本材料，也是装饰人造板采用最多的板材。它们是木材、竹材、植物纤维等材料经不同加工制成的纤维、刨花、碎料、单板、薄片、木条等基本单元经干燥、施胶、铺装、热压等工序制成的一大类板材。这类板材品种很多，包括胶合板、软质纤维板、硬质纤维板、中密度纤维板、普通刨花板、定向刨花板、微粒板、实心细木工板、空心细木工板、集成材、指接材、层积材等，大多采用木材采伐剩余物、加工剩余物、间伐材、速生工业用材或非木材植物如竹材、蔗渣、棉秆、麻秆、稻草、麦秸、高粱秆、玉米秆、葵花秆、稻壳等作主要原料，资源广泛，成本低廉，是与前建筑和装饰装修应当大力发展的材料。

（四）装饰人造板

装饰人造板有贴面装饰人造板、浸渍纸贴面人造板、微薄木贴面人造板、表面加工人造板、植绒装饰吸音板、浮雕装饰人造板等。

装饰人造板是将木质人造板进行各种表面装饰加工而成的板材。由于色泽、平面图案、立体图案、表面构造、光泽等的不同变化，大大提高了材料的视觉效果、艺术感受和材料的声、光、电、热、化学、耐水、耐候、耐久等性能，增强了材料的表达力并拓宽了材料的应用面，因而成为装饰领域应用最广泛的材料之一。

（五）装饰型材

装饰型材有木线条、雕花木线条、装饰木门、模压浮雕木门、薄木拼花贴面木门等。

装饰型材近些年来异军突起，成为装饰领域里发展最快的材料之一。它是采用木材、竹材、人造板、植物等原料经机械加工、模压、贴面等工艺制造而成的直接可以用于室内墙面、地面、顶棚的装饰装修以及直接用作门窗、扶梯等构件的一类材料。这类材料有墙角线、踢脚线、吊顶板、墙裙、楼梯、扶手、木门窗等。

其中以装饰人造板和地板的品种及花色最多，应用也最广。在地板的六大系列中，多层复合地板、竹地板和复合强化地板是近几年发展较快的木制装饰产品，其中尤以复合强化地板发展很快，它以优良的性能和合适的价格吸引了广大的顾客。装饰人造板则不仅产量增长迅猛，花色品种也层出不穷，其中以不同材料的贴面装饰人造板发展最快。装饰薄木由于珍贵树种的日渐减少，天然刨切薄木增长减慢，人造薄木的品种和产量增加。近年来装饰型材也大量涌向装饰市场，品种和花色更新极快，成为新的消费热点。

二、木质材料的装饰方法

木质材料的装饰方法目前主要有如下几类：

图 2－5　水曲柳装饰实木饰面板

（一）拼花

这类装饰主要利用木材和竹材的天然花纹和色泽，人为地排列组合成一定图案的装饰件，例如，地板的拼花、刨切薄木和旋切薄竹的拼花等。人造薄木的制作与应用也可以归属于这一类装饰。

（二）贴面

贴面是木质装饰材料目前应用最广泛的装饰方法。随着科学技术的进步和人们对生活质量要求的不断提高，表面装饰材料发展极快，木质、塑料、金属、玻璃、纺织品、皮革、天然纤维等各种材料的装饰制品层出不穷，变化万千，使贴面装饰成为主要的装饰手段。它装饰工艺简单，图案色泽花样多，装饰效果很好，深受人们喜爱。其中尤以树脂浸渍材料贴面最为风行，低压短周期贴面工艺和真空负压贴面工艺的出现加快了这一装饰方法的发展（见图 2－5）。

（三）涂饰

涂饰是最古老、最普通、最易行的装饰方法，在室内装饰中也是应用最多的装饰方法之一。无论是透明涂饰还是不透明涂饰，都应用得相当多。转移印刷、木纹直接印刷也属于这类装饰，它们也获得了广泛的应用。

（四）表面加工装饰

这类装饰是采用机械、电子、化学、光学等方法，在材料表面上制作色彩和图案，包括立体图案。有开沟槽、烙花、压花、打孔、喷粒、模压浮雕、电雕刻、光雕刻、植绒、发泡等多种手段。近些年来，还出现了表面瓷化、电镀等新的表面装饰工艺。表面加工装饰常常与其他的装饰处理方法结合起来，可以得到更好的装饰效果。例如，将机械铣型和真空覆膜结合起来，可以获得极佳的立体图案（见图2－6）。

三、常用的装饰饰面板

（一）沙比利

木纹交错，有波状纹理，在四开锯法加工的木材纹理处形成独特的鱼卵形黑色斑纹；疏松度中等，光泽度高；边材淡黄色，心材淡红色或暗红褐色。用途：广泛应用于普通家具、细木家具、装饰单板、镶板、地板、室内外连接用木构件、门窗基架、门、楼梯等装饰。

（二）胡桃木

胡桃属木材中较优质的一种，主要产自北美和欧洲。国产的胡桃木，颜色较浅。黑胡桃呈浅黑褐色带紫色，弦切面为美丽的大抛物线花纹。黑胡桃木材昂贵，做家具通常用木皮，极少用实木。

图2－6 实木家具

胡桃木易于加工，可以持久保留油漆和染色，可打磨成特殊的效果。但主要用于家具、橱柜、建筑内墙装饰、门、地板和拼板。胡桃木与浅色木材搭配是理想的装饰材料。

（三）橡木

橡木（又称栎木），广泛用于装饰木材和制作家具。材质性能：橡木中硬，结构粗，色泽淡雅，纹理美观，力学强度高，耐磨损，但木材不易于干燥锯解和切削。白橡、红橡的切片也是生产贴面胶合板的理想用材，其花纹也有直纹和横纹的区别，直纹比较好看，价格也稍贵一些。

（四）水曲柳

水曲柳主要产于东北、华北等地，呈黄白色（边材）或褐色略黄（心材）。年轮明显但不均匀，木质结构粗，纹理直，花纹美丽，有光泽，硬度较大。水曲柳具有弹性、韧性好，耐磨，耐湿。

（五）泰国柚木

泰国柚木属落叶乔木，木材暗褐色，坚硬，耐腐蚀，纹理明显，刷漆后装饰性能好，适合制作各种装饰性家具、木门等（见图2－7）。

（六）紫檀木

中国古代家具多用紫檀木，属高档木材。该木材质地坚硬、表面光滑、花纹明显，成红褐色或红色，主要产于印度和其他热带森林中。古代家具多不上漆，看上去凝重、沉稳，有“寸檀寸金”之说，令许多文人陶醉。

（七）花梨木

花梨木，色深红褐色，纹理较粗，质地细腻，有的有疤节。古代花梨木也是制作家具的主要原料，常产于我国广东、云南等地。主要用途包括家具、橱柜和木制品（见图2－8）。

图2-7　泰柚木装饰实木饰面板

图2-8　花梨木装饰实木饰面板

图2-9　树瘤装饰实木饰面板

（八）红木

红木，又称为“黑檀”或“珊瑚木”，起色深红，纹理致密，木质沉重，主要生产于孟加拉国、阿萨密、孟买和缅甸等潮湿的森林中。主要用途包括家具、橱柜及其他木制品。

（九）树瘤（见图2-9）

树瘤，是少数名贵木材长出的瘤，因其内部纤维组织产生了变化，形成了各种不同的纹理，我们称其为“瘿木”。“瘿木”纹理华美，不易变形，十分稀有，因此是名贵的装饰材料。主要用途包括家具制作、家具镶贴，装饰木制品及手工艺品。

第三节　装饰木材的构造

一、木龙骨隔墙装饰构造

木龙骨隔墙是装饰中经常运用的设计施工手法，采用木材作为主龙骨，一般木龙骨隔墙有施工方便、自重轻、墙体薄、隔声性能好等特点。一些临时性的部位多采用木龙骨隔墙作为装饰。

木龙骨架使用规格为50mm×70mm的红、白松木，立龙骨的间距一般在450～600mm之间。安装沿地、沿顶木楞时，应将木楞两端伸入砖墙内至少120mm，以保证隔断墙与原结构墙连接牢固。木骨架上可钉装胶合板、纤维板、石膏板等。木骨架与墙及楼板应连接牢固（见图2-10）。

二、木龙骨吊顶装饰构造

木龙骨吊顶分为有主龙骨木格栅和无主龙骨木格栅。有主龙骨木格栅吊顶多用于比较大的建筑空间，目前采用得比较少。无主龙骨木格栅由次龙骨和横撑龙骨组成，吊筋也采用方木，这种做法是家庭装修采用较多的一种形式（见图2－11）。

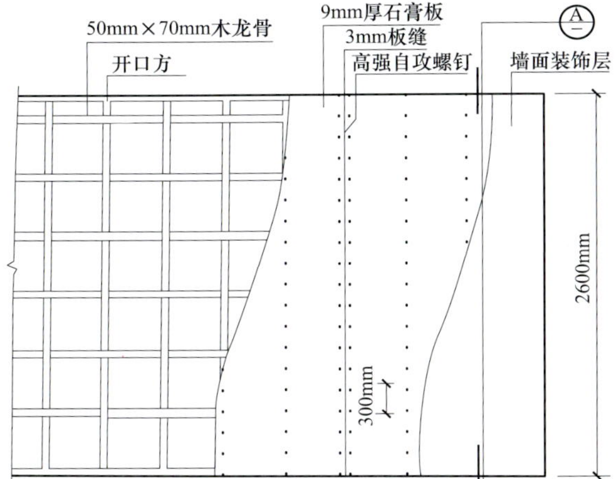

图2－10　木龙骨隔墙装饰构造

图2－11　木龙骨吊顶装饰构造

第三章

建筑装饰陶瓷

在建筑装饰工程中，陶瓷是最古老的装饰材料之一。建筑装饰陶瓷泛指用于建筑装饰工程的以陶土等材料烧结而成的制成品，主要品种有陶瓷砖、马赛克、卫生洁具和陶瓷壁画等。随着现代科学技术的发展，陶瓷在花色、品种、性能等方面都有了巨大的变化，为现代建筑装饰装修工程带来了越来越多兼具实用性和装饰性的材料。

第一节 陶瓷的基本知识

一、陶瓷的概念与分类

陶瓷，是指陶器和瓷器的通称，以黏土为主要原料，经烧制而成的材料。其强度高、耐火、耐水、耐酸碱腐蚀、耐磨、易于清洗、易于加工，因其色彩丰富，形状、色彩等稳定性高，被广泛应用于建筑装饰材料中。

陶瓷分为陶器与瓷器两大类。陶器为多孔结构，烧结程度较低，有较大的吸水率，断面粗糙无光，不透明。陶器分为粗陶和细陶。粗陶一般不施釉，建筑上常用的烧结黏土砖、瓦均为粗陶制品（见图3－1）。

细陶一般要经素烧、施釉和釉烧工艺，根据施釉状况呈白、乳白、浅绿等颜色。建筑上用的釉面砖（内面砖）即为此类（见图3－2）。

图3－1　装饰墙砖

图3－2　卫生间装饰内墙面砖

瓷器是一种由瓷石、高岭土等组成，外表有素面（不施釉）施有釉或彩绘的物器。瓷器的成形要通过在窑内经过高温（约1280～1400℃）烧制，瓷器表面的釉色会因为烧制温度的不同以及升降温的过程不同而发生各种化学变化，呈现出丰富的变化效果。

二、陶瓷的表面装饰

陶瓷坯体表面粗糙，易沾污，装饰效果差，大多数陶瓷制品都要做表面装饰加工。上釉和彩饰是陶瓷表面装饰的主要方式。

（一）釉

釉是覆盖在陶瓷坯体表面的玻璃质薄层，是由高质量的石英、长石、高岭土等为主要原料制成浆体，涂布与坯体表面经过烧制而成。釉面可以改善坯体的表面性能并提高机械强度，使陶瓷制品表面平滑、光亮、不吸水、不透气、抗腐蚀、耐风化、易清洗，提高产品的艺术性能。

（二）彩绘

在陶瓷制品表面用彩料绘制图案花纹是陶瓷的传统装饰方法。

1. 釉下彩绘

在陶瓷坯体或素烧釉坯表面进行彩绘，然后覆盖一层透明釉，烧制而成的即为釉下彩。彩料受到表面透明釉层的隔离保护，使彩绘图案不会磨损。

2. 釉上彩绘

釉上彩绘是在烧好的陶瓷釉上用彩料绘制图案花纹，然后在较低温度下（600～900℃）二次烧结而成。釉上彩绘生产效率高，成本低廉。釉上彩绘易磨损，光滑性差。

3. 贵金属装饰

贵金属装饰是用金、银、铂或钯等贵金属装饰在陶瓷表面釉上，装饰方便、美观又节约，表面涂一层磨光金彩料，烧制后抛光，腐蚀面无光，未腐蚀面光亮，形成亮暗不一的金色图案花纹。

第二节 常用的建筑装饰瓷砖

我们常说的建筑装饰陶瓷地砖，实际上就是一种建筑装饰板材。常见的建筑装饰陶瓷砖按用途分为地砖、外墙砖、内墙砖。地砖又有瓷质抛光砖、有釉地砖、微晶玻璃砖、广场砖，外墙砖可分为有釉外墙砖、无釉外墙砖等。

一、地砖

（一）瓷质抛光砖

瓷质抛光砖又名完全玻化砖、抛光砖、玻化石等，标准名称为瓷质砖，是目前陶瓷砖行业产量最大、产值最高的产品。关键在于其通体为一种材料，不施面釉，即使有花纹也是由表及里完全一致。该产品是高温瓷化后的产品经磨边、抛光而制成的吸水率不超过0.5%的陶瓷砖产品，具有坚硬耐磨、抗冻防污、耐酸碱、光亮华丽、经久如新的特点。装饰效果可与花岗岩媲美。

该产品规格现有：200mm×200mm，300mm×300mm，400mm×400mm，500mm×500mm，600mm×600mm，800mm×800mm，1000mm×1000mm，1200mm×1200mm，600mm×1200mm，600mm×900mm，1200mm×1800mm。

600mm×600mm和800mm×800mm常用于居室空间设计地面，大尺寸瓷质抛光砖常用外墙干挂的施工。该产品的品种一般有：无釉抛光砖、花岗石抛光砖、幻彩抛光砖、渗花抛光砖等（见图3－3、图3－4）。

图3－3　瓷质抛光砖

图3－4　瓷质抛光在卫生间的应用

（二）有釉地砖

有釉地砖又称有彩釉砖、仿古砖、防滑砖等。该产品吸水率一般为0.5%～10%，强度一般低于瓷质抛光砖。该产品表面上釉，坯体为深红色或浅灰色，也有灰白色的，经过高压压制成型表面有平整的、凹凸不平的和大晶粒的或是有规则图案的不同形式。

图3－5　仿古地砖在客厅的应用

规格现有：200mm×200mm，300mm×300mm，400mm×400mm，500mm×500mm，600mm×600mm。该产品色彩非常丰富，加以亚光、无光以及凹凸不平的表面处理，可以制造出仿天然石材和古色古香的艺术效果。该大类产品由于表面上釉，其耐污染性很好，一般不会出现渗透性污染，近年来推出的瓷质仿古砖产品和炻瓷质仿古砖产品采用了表面有大量晶粒的硬质釉面，耐磨性已大大提高。由于使用了凹凸无光表面，防滑性能也得到了大幅度提高（见图3－5）。

（三）微晶玻璃

微晶玻璃也称玻璃陶瓷、陶瓷玻璃等。微晶玻璃有两种：通体微晶玻璃和微晶玻璃复合板。通体微晶玻璃板上下均匀一致，均为微晶玻璃相，由于在整个厚度上均使用昂贵的微晶玻璃熔块，该类产品售价较高。微晶玻璃复合板下层为陶瓷质基体，上层为一层3～5mm的微晶玻璃，为在烧制好的瓷质砖上洒上一层微晶玻璃熔块，抛光后制成，该类产品既保持了通体微晶玻璃较好的装饰效果，又使加工成本大大降低。微晶玻璃产品可随意切割为客户要求的规格，其光泽度高于瓷质砖，耐污染性好，色泽如玉，花纹立体感很强，非常美观。但其表面硬度较小，耐磨性差，比较脆，如果用于地面铺贴，不适于人流量大、易发生冲击撞击的场所（见图3－6、图3－7）。

图3－6　微晶玻璃一

图3－7　微晶玻璃二

（四）广场砖

广场砖也叫广场铺石。该产品吸水率一般在0.5%以下，也有少数超过0.5%，破坏强度很高，可以承担较重的负荷。广场砖一般不上釉，或上一层薄薄的覆盖层，表面为起伏较大的凹凸面。边长一般不超过200mm，厚度不小于12mm，常见规格有：95mm×95mm，152mm×152mm，100mm×100mm，200mm×200mm，也有为了圆形的或弧形的装饰效果而生产的梯形和楔性的产品。该产品主要优点有强度高，耐磨性非常好，防滑等。鉴于上述优点，该产品一般被广泛用于广场和人行道等公共场所。铺贴时会留出很宽的灰缝，这样灰缝容易隐藏污物，用家庭常用拖布等不容易清理干净，不适用于室内装修（见图3－8）。

图3－8　广场砖

二、墙砖

（一）内墙砖

内墙砖也叫瓷片，釉面砖。釉面装饰效果丰富多彩，亚光釉面、无光釉面、堆釉、三度烧、金属釉面的出现，结合大规格切边釉面砖的出现，使得内墙砖的装饰效果达到了一个前所未有的高度。

内墙砖产品常见规格有：200mm×200mm，200mm×300mm，250mm×330mm，300mm×450mm，300mm×600mm，大于300mm×450mm的产品常采用切边工艺，四周无釉面熔融后产生的圆角，非常齐整，铺贴后整墙的镜面效果非常明显。为了给该类产品配套，市场上也出现了造型别致的花砖和腰线，这些产品与内墙砖产品配套使用时，可起到画龙点睛的效果。该类产品表面硬度小，强度低，吸水率大，摩擦系数小，不能在地面使用，在铺贴时，由于内墙砖吸湿膨胀率大，应注意留出足够的灰缝（见图3－9）。

（二）外墙砖

外墙砖分为上釉外墙砖和通体外墙砖。上釉外墙砖表面施釉，通体外墙砖表面无釉。近年来的外墙砖瓷化程度很高，表面起伏更加突出，装饰效果像凿出的岩石，具有纯朴、天真、自然的装饰效果。铺贴于外墙的砖，由于受到严酷的自然条件影响，应当考虑足够的环境适应性，如北方应当考虑到抗冻性，有酸雨的地方应当考虑到耐酸碱性，耐污染，雨水可以冲刷掉表面污物的特性也非常重要。外墙砖鉴于破坏强度较小，建议不要在地面使用（见图3－10）。

图3－9　内墙釉面砖

图3－10　外墙砖

第三节　建筑陶瓷的构造

一、块料地面装饰构造

通常说的板块料楼地面是指以瓷质抛光砖、瓷砖、仿古砖、大理石板、花岗石板等板材铺砌的地面。其特点是花色品种多样，经久耐用，易于保持清洁，且施工速度快。

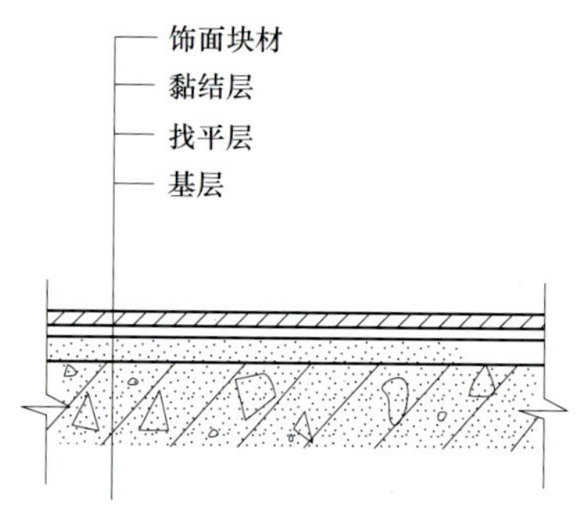

图3－11　块料地面装饰构造

（一）找平层

找平层是面层与结构层的过渡层，其作用主要是解决结构层表面的平整度，以使之符合铺装陶瓷地面的平整要求。找平层所用材料为一般配比（水泥与砂子的体积比）1∶3～1∶4的普通水泥砂浆或干硬性水泥砂浆（见图3－11）。

（二）黏结层

黏结层用以保证找平层和面层之间的牢固黏结。

（三）面层

面层的构造，主要是处理好板与板之间的接缝设计问题，既要考虑视觉效果，也要考虑地砖尺寸的精度和操作工艺。

二、饰面砖装饰构造

饰面砖装饰构造是指用大小不同的饰面砖装饰材料粘贴于墙柱体基层上的装饰方法。无论是粘贴釉面砖、通体砖、玻化砖，还是马赛克，其构造都可以采用相同水泥砂浆粘贴法。粘贴层也可用专用胶黏剂，最后用白水泥填缝（见图3－12、图3－13）。

图 3－12　块料地面装饰施工

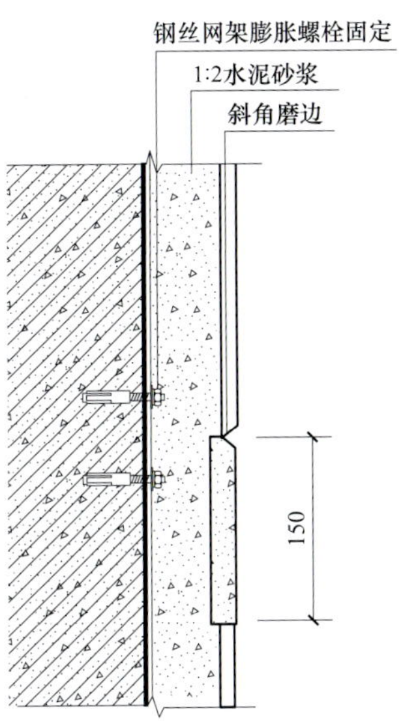

图 3－13　饰面砖墙面贴面

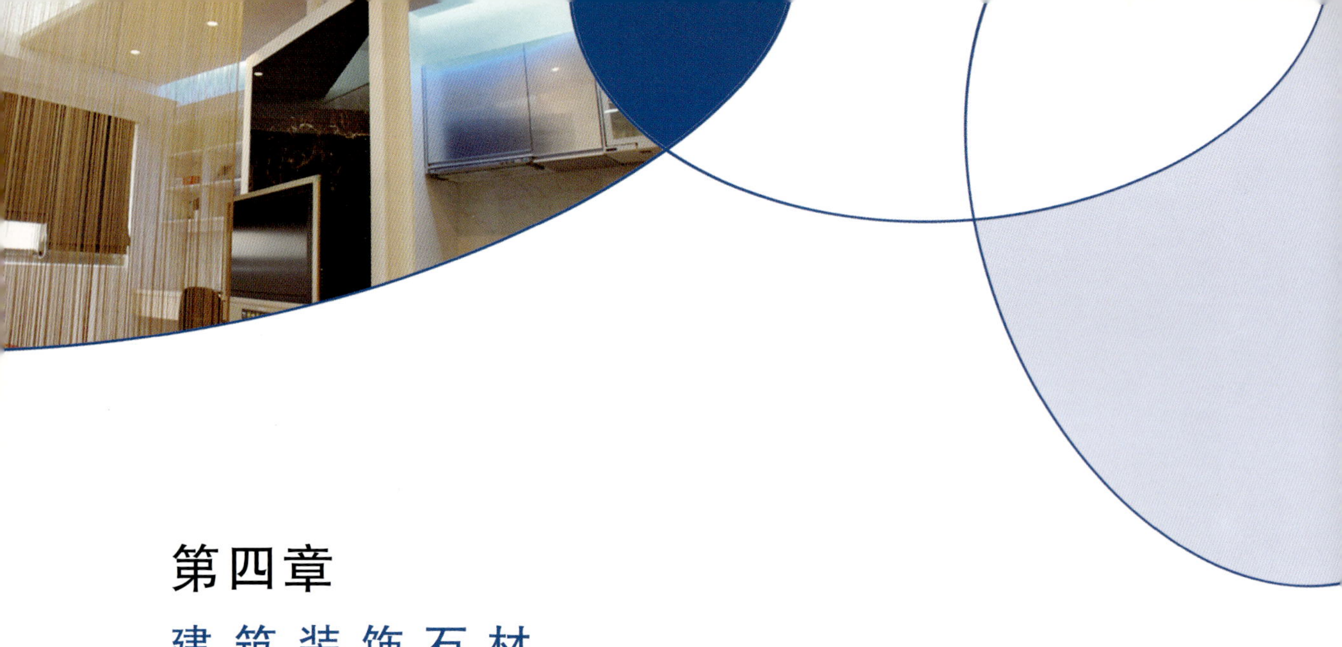

第四章

建筑装饰石材

石材在建筑及室内装饰中的运用历史悠久，尤其是在西方古代建筑中，更是保留了众多优秀的石材建筑。天然石材在当今的室内外装饰装修中仍然是高档装饰选材的主导品类，它经过处理后，色彩天然且丰富，强度、硬度都较高，并且耐磨、耐久，不仅对建筑和室内墙体地面具有很好的保护作用，而且更具装饰效果。

第一节　石材的基本知识

一、石材的基本知识

自然界中各种各样的矿物组成岩石，石材便来源于岩石。例如，花岗石来自于由长石、石英、云母及某些暗色矿物组成的岩石；大理石则来自于方解石或白云石组成的岩石，岩石按地质形成条件可分为火成岩、沉积岩和变质岩三大类。

（一）火成岩

地壳内部岩浆冷却凝固形成火成岩，它是组成地壳的主要岩石。

（二）沉积岩

沉积岩是露出地表的各种岩石在外力作用下，经风化、搬运、沉积、成岩四个阶段，在地表及地下不太深的地方形成的岩石。建筑中常用的沉积岩有石灰岩、砂岩和碎屑石等。

（三）变质岩

变质岩是地壳中原有的岩石（包括火成岩、沉积岩和早先生成的变质岩），由于岩浆活动和构造运动的影响，原岩变质（再结晶使矿物成分、结构等发生改变）而形成的新岩石。建筑中常用的变质岩有大理岩、石英岩和片麻岩等。

二、石材的加工

对于采石场采出的天然石材荒料要进行进一步加工，一般分为锯切和表面加工两种。

（一）锯切

锯切是将天然石材荒料或大块人造石基料用锯石机锯成板材的作业。

（二）表面加工

锯切的板材表面质量不高，需进行表面加工。表面加工要求有各种形式，如粗磨、细磨、抛光、火焰烘毛和凿毛等。研磨工序一般分为粗磨、细磨、半细磨、精磨、抛光等五道工序。

三、石材的选用

石材的主要用途是用作装修，因石材是天然矿石，所以在色系、质感、施工及材料的获得等方面与其他装修材料相比有着独特的条件。在石材的选用上要从以下几个方面进行考虑。

（一）石材的品质

一般从四个方面来鉴别加工好的成品饰面石材的品质。

（1）观：肉眼观察石材的表面结构。均匀的细料结构的石材为石材之佳品，粗粒及不等粒的结构的石材外观效果较差。

（2）量：量石材的尺寸规格要规范一致，防止影响拼接或拼接后图案、花纹等变形。

（3）听：听石材的敲击声音。一般来说，质量好的石材敲击声音清脆悦耳；若石材内部存在轻微裂隙或因风化造成颗粒间接触变松，敲击声音粗哑。

（4）试：用简单的实验方法检验石材的质量好坏。通常在石材的背面滴上一小粒墨水，若墨水很快四处分散浸出，则说明石材内部颗粒松动或存有裂隙；反之，若墨水原地不动，则说明石材质量很好。

（二）石材的耐久性

石材的耐久性非常重要，不仅可以保证建筑外装的美观，更可以确保其安全性。因此石材必须承受各种外力的破坏，如重力、风力、振动、磨损、荷载等，还要能承受各种化学侵蚀，如水化、溶解、酸化、脱水、碳酸盐等。选用石材时应尽量选择满足以下条件的石材才能达到耐久的要求。

（1）吸水率低：吸水率越大越容易吸附水分和空气中的可溶性成分或盐分，造成石材强度降低。

（2）孔径小、孔隙率低：孔隙率愈高，吸水率愈大，愈容易因风化而造成强度降低。

（3）密度大：密度大增加了结构体的载重，降低对振动的抵抗。

（4）不同方向的结构强度：选用有方向性层理的石材应注意不同方向的结构强度。

（三）石材的安全性

避免石材含有过高的硫化铁、氧化铁、盐分、炭质与黏土等有害物质；避免石材含辐射成分；避免石材内含有过高的热膨胀系数、导热及导电的矿物成分，以避免裂纹、导热、导电的危险。

（四）预算成本

不同的天然矿石因其开采地、品质、数量的不同，在价格上也会有所不同，因此在选用时要充分考虑预算成本。

四、石材的环保性能

天然石材的环保性能就是指石材的放射性问题。经检验证明，绝大多数的天然石材中所含放射物质极微，不会对人体造成任何伤害。部分花岗石产品放射性指标超标，会在长期使用过程中对环境造成污染，有必要予以控制。

第二节 建筑装饰常用石材

一、天然大理石

（一）天然大理石基础知识

大理石原指产于云南省大理的白色带有黑色花纹的石灰岩，剖面可以形成一幅天然的水墨山水画，古代常选取具有成型的花纹的大理石用来制作画屏或镶嵌画。

天然大理石是由石灰岩或白云岩经过地壳内部高温高压作用形成的变质岩，常是层状结构，有显著的结晶或斑纹条纹，主要成分有方解石、石灰石、白云石等。建筑装饰工程所说的大理石是指除大理岩外，泛指具有装饰功能、可磨平抛光的各种碳酸盐类的沉积岩和与其有关的变质岩。

（二）天然大理石板的优缺点

优点：天然大理石属于中硬石材，其颜色花色多样，色泽鲜艳，材料致密，抗压性强，吸水率小。由这种大理石构成的地面耐磨，耐酸碱，耐腐蚀，不变形，易清洁，并能产生微弱的镜面效果。

缺点：硬度较低，抗风化能力差。

（三）天然大理石板材的分类

天然大理石板材按形状可分为普型板（PX）、圆弧板（HM）和异型板（YX）。国际和国内板材的通用厚度为20mm，也称为厚板。随着石材加工工艺不断改进，厚度较小的板材也应用于装饰工程，常见的有7、8、10mm等，也称为薄板。厚板适用于传统湿作业法和干挂法等施工工艺，但施工复杂，进度较慢；薄板可采用水泥砂浆或专用胶黏剂直接粘贴，便于运输和施工，但不宜幅面过大，以免加工安装过程中破裂。

（四）天然大理石板材的品种规格

1. 天然大理石板材的标准规格（见表4－1）

表4－1 天然大理石板材规格 （mm）

长	宽	厚	长	宽	厚
300	150	20	600	600	20
300	300	20	900	600	20
400	200	20	1070	750	20
400	400	20	1200	600	20
600	300	20	1200	900	20

2. 天然大理石板材的品种（见表4－2）

表4－2 国内大理石常用品种及特征

名　称	产　　地	装　饰　性　能
桃红	河北曲阳	桃红色粗晶，有黑色缕纹或斑点
汉白玉	北京房山	玉白色，微有杂光和脉纹

续表

名称	产地	装饰性能
艾叶青	北京房山	青底深灰间白色叶状，斑云间有片状纹缕
晶白	湖北	白色晶粒，细致而均匀
雪花	山东莱州	白色晶粒，细致而均匀
影晶白	江苏高资	乳白色
墨晶白	河北曲阳	玉白色，微晶，有黑色脉纹或斑点
风雪	云南大理	灰白间有深灰色晕带
黄花玉	湖北黄石	淡黄色，有较多稻黄脉纹
碧玉	辽宁	嫩绿或深绿和白色絮状相渗
彩云	河北获鹿	浅翠绿色底、深绿絮状相渗，有紫斑或脉纹
残雪	河北铁山	灰白色，有黑色斑带
晚霞	北京顺义	石黄间土黄斑底，有深黄叠脉，间有黑晕
虎纹	江苏宜兴	赭色底，有流纹状石、黄色经络
灰黄玉	湖北大冶	浅黑灰底，有焰红色、黄色和浅灰脉络
莱阳黑	山东莱阳	灰黑底，间有墨斑灰白色点
中国红	四川雅安	较为稀少的特殊品种，近似印度红
中国蓝	河北承德	较为稀少的特殊品种
赭红	内蒙古	近似印度红
红花玉	湖北大冶	肝红底夹有大小浅红碎石块

部分天然大理石板材样式如图4-1~图4-6所示。

图4-1 浅啡网纹

图4-2 大花白

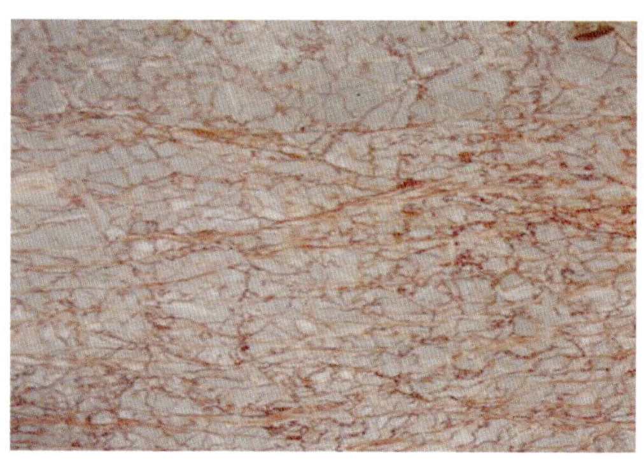
图 4－3　玛瑙红

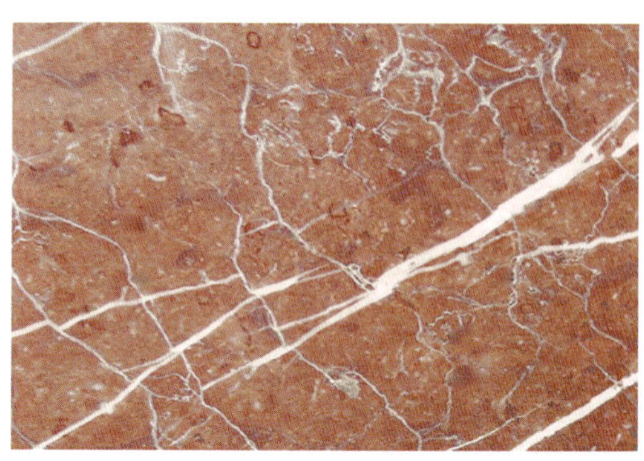
图 4－4　珊瑚红

图 4－5　挪威彩玉

图 4－6　黑金花

（五）天然大理石板材的储存

由于天然大理石板材表面光亮、细腻、易受污染和划伤，所以板材应在室内储存，室外储存时应加遮盖。存放时应按品种、规格、等级或工程部位分别码放。直立时应光面相对，倾斜角度不大于15°，层间加垫隔离，垛高不得超过1.5m；平放时也应光面相对，地面须平整，垛高不得超过1.2m。若为包装箱，则码放高度不得超过2m。

（六）天然大理石板材的应用

天然大理石板主要用于宾馆、展览馆、剧院、商场、图书馆、机场、车站等建筑物的室内地面、柱面、墙面、造型面、酒吧台侧立面与台面、服务台立面与台面、电梯间门口等。因大理石耐磨性相对较差，不宜用于人流较多场所的地面，一般只适用于室内（见图4－7和图4－8）。

图 4－7　大理石在家装影视墙中的应用

图 4－8　大理石在商业空间中的应用

二、天然花岗石

（一）天然花岗石的基础知识

花岗石是花岗岩的俗称，它属于深成岩，是火成岩中分布最广的岩石，其主要矿物组成为长石、石英和少量的云母。花岗石构造致密、强度高、密度大、吸水率极低、耐磨，属硬石材。

建筑装饰工程上所说的花岗石是以花岗岩为代表的一类装饰石材，泛指各种以石英、长石为主要成分的组成矿物，并含有少量云母和暗色矿物的火成岩和与其有关的变质岩。

（二）花岗石的优缺点

优点：结构致密，抗压强度高；材质坚硬，耐磨性强；孔隙率小，吸水率极低，耐冻性强；装饰性好；化学稳定性好，抗风化能力强；耐腐蚀，耐久性很强。

缺点：自重大，用于房屋建筑与装饰会增加建筑物的质量；硬度大，给开采和加工造成困难；质脆，耐火性差；某些花岗岩含有微量放射性元素，应根据花岗石石材的放射性强度水平确定其应用范围。

（三）天然花岗石板材的分类

天然花岗石板材按形状可分为普型板材（PX）、圆弧板材（HM）和异型板材（YX）。按其表面平整加工程度可分为亚光板材（YG）、镜面板材（PL）、粗面板材（RU）。

（四）天然花岗石板材的规格与品种

天然花岗石普型板材产品规格与大理石相同，异型板材产品规格由设计或施工部门与生产厂家商定。

国内部分花岗石产地、品种、特色见表4－3和图4－9～图4－12。

表4－3 国内部分花岗石产地、品种、特色

产地	品名	装饰性能	产地	品名	装饰性能
山东莱州	莱州白	白底黑点	福建泉州凤山	蓝宝石	淡蓝灰色
	莱州青	黑底青白点	山东	济南青	黑色，有小白点
	莱州黑	黑底灰白点		白虎涧	肉粉色带黑斑
	莱州红	粉红底深灰点		将军红	黑灰棕红浅灰间小斑块
	莱州棕黑	黑底棕点			

图4－9 将军红

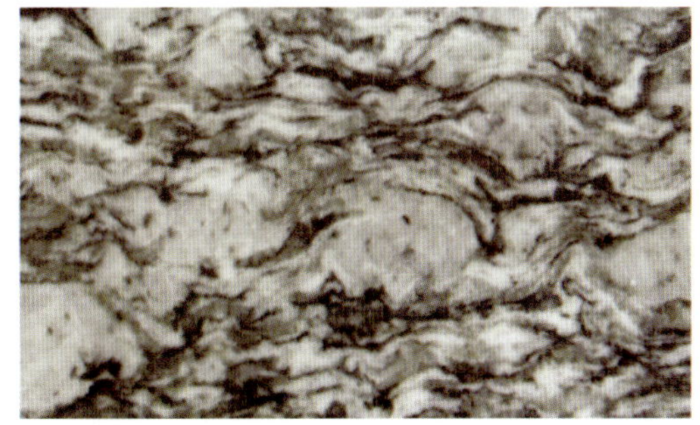

图4－10 浪花白

（五）天然花岗石板材的储存

天然花岗石板材材质坚硬、耐腐蚀、抗污染，储存时仍应注意保护板面，严禁搬运时滚

碰、碰撞，尽可能在室内储存，室外要加以遮盖。堆码要求与天然大理石基本相同，可参见前述具体规定。

图 4-11　黑金砂

图 4-12　芝麻白

（六）天然花岗石板材的应用

天然花岗石属于高级建筑装饰材料，主要应用于大型公共建筑或装饰等级要求较高的室内外装饰工程。粗面和细面板材常用于室外地面、墙面、柱面、勒脚、基座、台阶；镜面板材主要用于室内外地面、墙面、柱面、台面、台阶等，特别适宜用作大型公共建筑大厅的地面（见图 4-13 和图 4-14）。

图 4-13　花岗岩在室外环境中的应用

图 4-14　未加工石材与加工过的花岗岩相映成趣

三、人造饰面石材

人造饰面石材是采用无机或有机胶凝材料作为胶黏剂，以天然砂、碎石、石粉或工业渣等为粗、细填充料，经成型、固化、表面处理而成的一种人造材料。它是人造大理石和人造花岗岩的总称，它质量轻、强度大、耐腐蚀、耐污染、装饰性好、便于施工、价格低，是现代建筑的理想装饰材料，得到了广泛的应用。

（一）水泥型人造石材

水泥型人造石材是以水泥为胶黏剂，天然砂为细骨料，碎大理石、花岗岩、工业废渣等为粗骨料，经配料、搅拌、成型、加压蒸养、磨光、抛光等工序而制成。通常所用的水泥为硅酸盐水泥，现在也用铝酸盐水泥，用它制成的人造大理石具有表面光泽度高、花纹耐久、抗风化、耐火性、防潮性都优于一般的人造大理石。这种人造石材成本低，但耐酸腐蚀能力较差，若养护不好，易产生龟裂。

（二）聚酯型人造石材

聚酯型人造石材多是以不饱和聚酯为胶黏剂，与石英砂、大理石、花岗石或氢氧化铝等，经配料、搅拌、浇铸成型，经固化、脱模、烘干、抛光等工序制成。这种树脂的黏度低，易成型，常温固化，产品光泽性好，颜色鲜亮，易于调色。若填料级配不合理，产品易出现翘曲变形。

（三）复合型人造石材

复合型人造石材的胶黏剂采用无机和有机两类胶凝材料。先将无机填料用无机胶黏剂胶结成型，再将坯体浸渍于有机单体中，使其在一定条件下聚合而成。无机胶结材料可用快硬水泥、白水泥、铝酸盐水泥以及半水石膏等。

（四）烧结型人造石材

烧结型人造石材的生产工艺与陶瓷的生产工艺相似，是将斜长石、石英、辉石、石粉及赤铁矿粉和高岭土等按比例混合（一般用40%的黏土和60%的矿粉），制成泥浆后，采用注浆法制成坯料，再用半干压法成型，经1000℃左右的高温焙烧而成。这种人造石材能耗大，造价较高，实际应用较少。

人造饰面石材由于其色彩、花纹的可控性，在室内外装饰装修上应用十分广泛，可用于室内外墙面、地面、柱面、楼梯面板、服务台面等部位（见图4－15和图4－16）。

图4－15　人造石材在公共空间中的应用

图4－16　人造石家具在室内中的应用

第三节 石材的装饰构造

一、大理石、花岗岩地面装饰构造

大理石花岗岩是从天然岩体中开采出来，并加工成块材或板材，再经过粗磨、细磨、抛光、打蜡等工序，加工成各种不同质感的高级装饰材料，常用于公共建筑大堂、大厅、办公室等标准较高的场所。

大理石花岗岩地面板材厚度一般为20～30mm，规格为300×300mm、600×600mm、800×800mm，根据不同装饰要求，还可采用矩形规格。其构造做法是：先清扫基层表面，湿润，保证粘贴牢固；再在基层上抹30mm厚1∶3干硬性水泥砂浆；整平后在干硬性水泥砂浆上刷一层素水泥浆，可提高黏结强度；最后，铺大石板，勾缝（见图4－17）。

二、石材墙面工程

石材按其厚度可分有两种，通常地，厚度为30～40mm的称为板材，厚度为40～130mm以上的称为块材。常见天然板材饰面有花岗石、大理石和青石板等，具有强度高、耐久性好，多作高级装饰用。常见人造石板有预制水磨石板、人造大理石板等。

（一）石材拴挂法（湿法挂贴）

天然石材和人造石材的安装方法相同，先按照设计要求在墙内或柱内预埋设预埋件，间距依石材规格而定，绑扎竖向和横向钢筋，形成钢筋网。在石板上下边钻小孔，用双股16号钢丝绑扎固定在钢筋网上。上下两块石板用不锈钢卡销固定。板与墙面之间预留20～30mm缝隙，在板与墙之间浇筑1∶3水泥砂浆，即完成绑扎固定灌浆法的石材安装（见图4－18）。

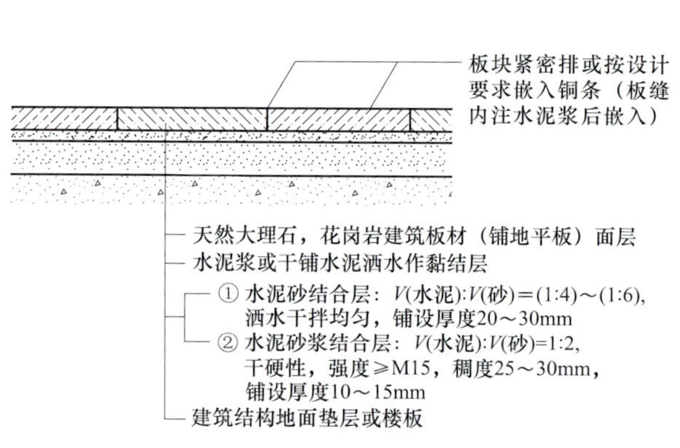

图4－17 大理石、花岗岩板块地面铺贴构造

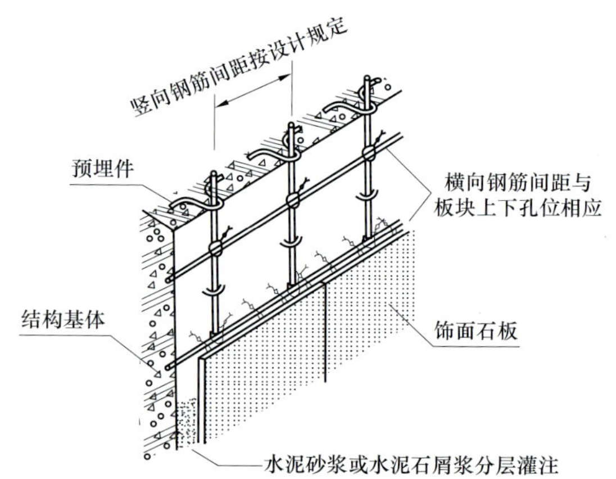

图4－18 石材绑扎固定灌浆法的构造

（二）石材饰板干挂法

传统湿贴工艺的主要弊端，因水泥砂浆粘贴板材后碳酸氢钙析出（泛白霜）和出现水渍，使墙面石材变色，形成色差，污染墙面，而且还由于温度变化等原因，易造成墙面空鼓、开裂甚至脱落等质量通病。

干挂石材幕墙作为一种新型安装工艺，在美观、耐久、不易变色及平整度上都达到了一个新的水平。它克服了石材传统湿贴方法的缺陷，在大型民用建筑外墙面装饰中得到日益广泛的应用。

石材饰板干挂工艺原理是在主体结构上设主要受力点，通过金属挂件将石材固定在建筑物上，形成石材装饰幕墙。目前，各地工程石材干挂的具体做法不尽相同（见图 4－19、图 4－20）。

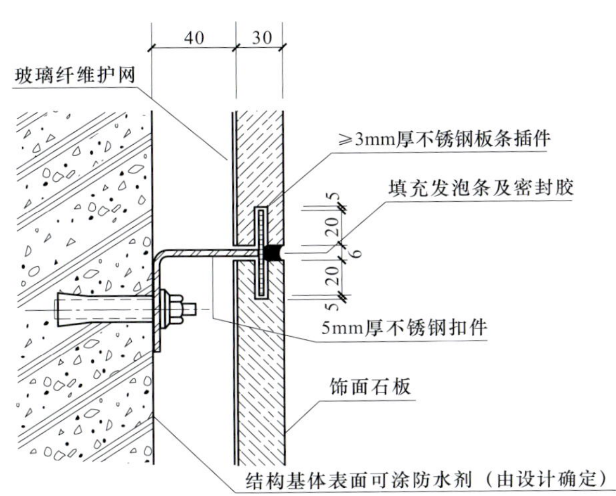

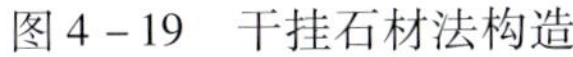
图 4－19　干挂石材法构造

图 4－20　干挂石材法骨架与柱的连接实例

（1）就挂件与主体结构的固定技术而言，主要有两种方法：

一是凡属剪力墙结构，可通过膨胀螺栓或预埋铁件直接将挂件固定。

二是凡属框架轻墙结构，因墙体不能直接固定挂件，需要通过安装金属骨架使挂件固定；根据金属骨架的用料区分，主要有型钢骨架和铝材骨架两种，前者造价低，但需作镀锌和防腐处理，后者因需加厚使用而造价较高。

（2）从板材的固定方法来看，大体也有两种：

一种是插销式固定法。主要构件有销钉、托板、螺栓、垫板和角钢，各构件的型号视石材自重、地区风载和地震载荷计算确定。其构造是：先将角钢用螺栓固定于骨架或墙体上，并将托板与角钢固定，石材通过销钉与托板连接。该挂件可使板材在小范围内作上下前后调节，以确保板缝的均匀与板面的平整。

另一种是后切式干挂，也称无应力锚固式干挂。具体做法是一组底部拓孔锚栓通过凸形结合和石材连接并有金属框架支撑，它在安全性、耐久性、方便性方面有较大优势。

第五章
建筑装饰玻璃

第一节 玻璃的基本知识

玻璃是现代室内装饰的主要材料之一。随着现代建筑发展的需要和玻璃制作技术上的飞跃进步，玻璃正在向多品种、多功能方面发展。例如，其制品由过去单纯作为采光和装饰功能，逐渐向着控制光线、调节热量、节约能源、控制噪声、降低建筑自重、改善建筑环境、提高建筑艺术等多种功能发展。近几年，具有高度装饰性和多种适用性的玻璃新品种不断出现，为室内装饰装修提供了更大的选择性（见图5-1）。

图5-1 玻璃的装饰效果

一、玻璃的基本性质

（一）光学性质

1. 反射能力

玻璃的反射光能与投射光能之比称为反射系数。反射系数的大小决定于反射面的光滑程度、折射率及投射光线入射角的大小，即表面越光滑，折射率越低，反射系数就越大，反之越小。

2. 吸收和透过能力

玻璃对光线的吸收能力随着玻璃的化学组成和颜色变化而不同。无色玻璃可透过各种颜色的光线，但吸收红外线和紫外线；各种不同颜色的玻璃能透过同色光线而吸收其他颜色的光线；锑、钾玻璃能透过红外线（见图5－2）。

图5－2　玻璃的透光性能

3. 折射能力

玻璃的折射能力随着化学组成的不同而变化，其折射率随温度上升而增加。光线通过玻璃时，由于各种组成成分折射率的不同，会发生漫射，如图5－3所示，这种现象称为色散，色散严重影响着光学用玻璃的质量。

图5－3　玻璃的折射性能

（二）化学性质

一般的建筑玻璃具有较高的化学稳定性，在通常情况下，对酸、碱、盐以及化学试剂或气体等具有较强的抵抗能力，能抵抗各种侵蚀。但是长期遭受侵蚀或腐蚀，也能导致变质和破坏，如玻璃的风化、发霉都会导致玻璃外观的破坏和透光能力的降低。

（三）玻璃的力学性质

玻璃的抗冲击性很小，在冲击力作用下极易发生破碎。玻璃具有较高的硬度，玻璃的硬度也因其工艺、结构不同而不同。

第二节　常用装饰玻璃

一、平板玻璃

平板玻璃是指未经其他加工的平板状玻璃制品。平板玻璃是建筑玻璃中使用最多、产量最大的一个品种，一般用于民用建筑、商店、饭店、办公大楼、机场、车站等建筑物的门窗、橱窗及制镜等，也可用于加工制造钢化、夹层等安全玻璃（见图 5 –4）。

图 5 –4　应用平板玻璃做的室内大面积隔断

二、彩色玻璃

彩色玻璃又称有色玻璃或颜色玻璃，分透明、半透明和不透明三种。其颜色比较丰富，有蓝色、绿色、黄色、棕色和红色等。丰富的色彩使其有良好的装饰性，而且还具有耐腐蚀、易清洁的特点。在建筑装饰中，彩色玻璃主要用于建筑物的门窗、内外墙面上和对光线有色彩要求的建筑部位，如教堂的门窗和采光屋顶等。斯多夫·尼克拉丝（St. Nicholas）的教堂使用五彩缤纷的彩色玻璃，将室内映衬得丰富多彩，一片生机，图 5 –5 和图 5 –6 所示。

图 5－5　彩色玻璃的应用

图 5－6　斯多夫·尼克拉丝（St. Nicholas）的教堂的彩色玻璃

三、压花玻璃

压花玻璃又称花纹玻璃或滚花玻璃，是采用压延方法制造的一种平板玻璃。

压花玻璃的性能基本与普通透明平板玻璃相同，仅在光学上具有透光不透影的特点，可使透过的光线柔和，并具有隐私的屏护作用和一定的装饰效果。适用于办公室、会客厅、会议室、餐厅、酒吧、浴室、卫生间等的门窗、隔断及屏风等场所，以及各类建筑门厅的艺术装饰（见图5-7和图5-8）。

图5-7 压花玻璃

图5-8 压花玻璃应用在隔断中的推拉门

四、磨砂玻璃

磨砂玻璃又称毛玻璃、暗玻璃，因表面粗糙，使光线产生漫射，具有透光不透视等特点，能起到一定的私密保护的作用，同时使室内光线柔和不刺眼。主要用于建筑物的卫生间、浴室、办公室等门窗隔断、灯罩、衣橱、书柜等家具用品的推拉门，也可以用于制作花瓶、酒瓶、酒杯、茶杯等用品（见图5-9）。

五、刻花玻璃

刻花玻璃也称为雕花玻璃，所雕花图案透光不透影，有明显的立体层次感，装饰效果优雅。可用于商场、宾馆、酒楼等商业性场所和娱乐性场所，随着人们艺术欣赏品味的提高刻花玻璃也越来越多的出现在家庭装饰门窗中（见图5-10）。雕花的内容与形式可以由使用者自行决定，即时加工。

六、冰花玻璃

冰花玻璃是一种利用平板玻璃经特殊处理形成具有自然冰花纹理的玻璃。冰花玻璃对通过的光线有漫射作用，如作门窗玻璃，犹如蒙上一层纱帘，看不清室内的景物，却有着良好的透光性能，具有良好的装饰效果。冰花玻璃立体感强，花纹清新自然，质感柔和，透光不透影，装饰效果比压花玻璃更好，是一种新型的室内装饰玻璃，可用于宾馆、酒楼、饭店、酒吧厅、娱乐场等场所的门面、隔断、屏风等，还可以用作灯具、工艺品的装饰（见图5-11）。

图 5－9　磨砂玻璃用于居室的装饰隔断

图 5－10　刻花玻璃

七、钢化玻璃

钢化玻璃是将玻璃加热到接近玻璃软化点的温度以迅速冷却或用化学方法钢化处理所得的玻璃深加工制品（见图 5－12）。钢化后的玻璃，刚性强易支撑，在受到超过其承接限度的外力后迅速被破成颗粒状，以保护在周边的人不被扎伤。钢化玻璃可适用于大块玻璃，或单独支撑成为一定的构件。其制品有平面钢化玻璃、曲面钢化玻璃、半钢化玻璃和全钢化玻璃等。

平面钢化玻璃主要用作建筑物的门窗、隔墙、幕墙、地面及橱窗、家具等。

曲面钢化玻璃主要用作汽车、火车、船舶、飞机、展柜等。

图 5－11　冰花玻璃在宾馆大堂空间屏风的应用

图 5－12　钢化玻璃

全钢化玻璃用于高层建筑幕墙、室内玻璃隔断、电梯扶手、栏杆等（见图 5－13）。

半钢化玻璃主要用于暖房、温室、隔墙、玻璃幕墙等地方（见图 5－14）。

图 5－13　全钢化玻璃用于高层建筑幕墙的效果

图 5－14　半钢化玻璃在温室的应用

八、夹丝玻璃

夹丝玻璃也称防碎玻璃或钢丝玻璃，表面可以是压花的或磨光的，颜色可以制成无色透明或彩色的。夹丝玻璃的特点是安全性和防火性好。夹丝玻璃由于钢丝网的骨架作用，不仅提高了玻璃的强度，而且当受到冲击或温度骤变而破坏时，碎片也不会飞散，避免了碎片对人的伤害。在出现火情时，夹丝玻璃受热炸裂，由于金属丝网的作用，玻璃仍能保持固定，隔绝火焰，故又称为防火玻璃。可以应用于建筑空间造型上或者走廊、防火门、楼梯、工业厂房天窗及各种采光屋顶等（见图 5－15）。

图 5－15　运用的夹丝玻璃做的隔断

九、夹层玻璃

夹层玻璃也称夹胶玻璃，是由两片或多片平板玻璃之间嵌夹透明塑料薄片，经加热、加压，黏合而成的平面或弯曲的复合玻璃制品（见图 5－16）。夹层玻璃安全性好，经过一定处理的夹层玻璃不易破裂，具有耐震、防盗、防暴甚至防弹的功能。夹层玻璃主要用于建筑物的门窗、隔墙、吊顶、天窗、幕墙、地面等，也可用做家具制作，尤其适用于有特殊安全要求的建筑如银行、珠宝行、商行等，同时也广泛用于汽车、飞机、船舶等的挡风玻璃（见图5－17）。

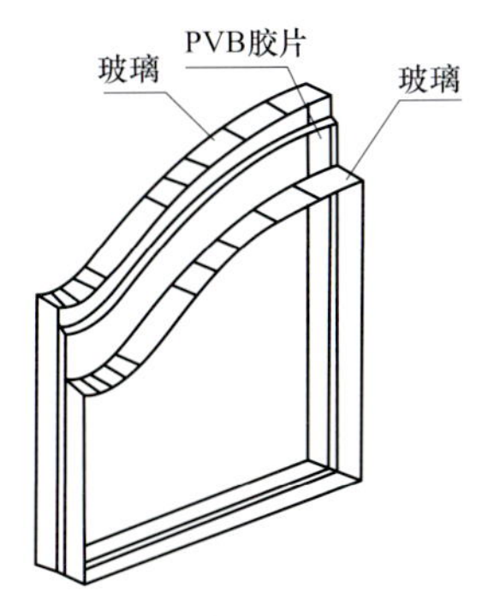

图5－16 夹层玻璃结构图

图5－17 夹层玻璃应用在高层建筑的窗体结构

十、中空玻璃

中空玻璃是由两片或两片以上的平板玻璃原片构成，四周用高强度气密性复合胶黏剂将玻璃及金属框和橡皮条、玻璃条黏结、密封，中间充入干燥气体的一种玻璃制品。中空玻璃的显著特点是隔温、隔声。由于其有充满干燥气体的中空腔，空气不易导热，传声差的特点被充分利用。在制成中空玻璃时可以涂上各种颜色或不同性能的薄膜，以改变玻璃的色彩或性能。

中空玻璃原片可以采用普通平板玻璃、浮法玻璃、钢化玻璃、夹层玻璃、压花玻璃和夹丝玻璃等。

中空玻璃在寒冷地区、炎热地区均可适用，被广泛就用于宾馆、住宅、医院、幼儿园、商场、写字楼等建筑门窗，同时也用于车船等交通工具。因中空玻璃具有很好的保温、隔声效果，也适合医院、疗养院等需要安静的场所（见图5－18～图5－20）。

图5－18 中空玻璃应用于建筑楼体的门窗

图 5－19　中空玻璃在室内窗体中的应用一

十一、玻璃马赛克

玻璃马赛克是一种小规格的用于外墙贴面的方形彩色饰面玻璃。色泽绚丽多彩，可以拼装成各种图案典雅美观；体积小、质量轻、黏结牢固，特别适合于高层建筑的外墙面装饰。

玻璃马赛克主要适用于住宅卫生间、浴室、公共游泳场等场所，也可用于制作壁画、装饰拼贴画，有时也用于宾馆、医院、办公楼、礼堂、住宅等建筑的外墙装饰（见图 5－21）。

图 5－20　中空玻璃在室内窗体中的应用二

图 5－21　玻璃锦砖的应用

十二、微晶玻璃

微晶玻璃是通过基础玻璃在加热过程中进行控制晶化而制得的一种含有大量微晶体的多晶固体材料。其质地、色泽自然柔和，耐水、污染性小，高度环保性能（见图 5－22）。

微晶玻璃主要作为高级建筑装饰新材料替代天然石材，北京的奥运建筑和上海世博会建筑都采用了微晶玻璃装饰板材进行装饰。对于家庭装修而言，也可以考虑采用微晶玻璃装饰板来代替天然大理石和花岗石在装修中应用。

十三、玻璃砖

玻璃砖分实心砖和空心砖两种。空心玻璃砖是由两个凹形玻璃砖坯（如同烟灰缸）熔接而成的玻璃制品。具有耐压、抗冲击、防火防暴、耐酸，隔声、隔热、透明度高和装饰性好等特点。一般用来建造透光隔墙、浴室隔断、楼梯间、门厅、通道等，特别适用于高级建筑、体育馆、图书馆等用于控制透光、眩光和日光的场合（见图5－23）。

图5－22 微晶玻璃

图5－23 玻璃砖的装饰效果

第三节 玻璃的装饰构造

玻璃幕墙主要由骨架材料、饰面板及封缝材料组成，为了安装固定还应有连接固定件和装饰件等。

（一）型钢骨架构造

型钢骨架构造主要构造是以型钢做玻璃幕墙的骨架，玻璃装嵌在型钢框内，然后再将型钢框与骨架固定。为保证使用的安全性，在玻璃和型钢骨架装嵌之间需有一定的橡胶或其他软质材料，以使装嵌稳妥。

（二）铝合金型材骨架构造

铝合金型材骨架构造主要是以特殊断面且本身兼有固定玻璃的凹槽，而不用另行安装其他配件的铝合金型材作为玻璃幕墙的框架，将玻璃镶嵌于框架的凹槽内。运用铝合金型材实施玻璃幕墙时，幕墙的骨架与玻璃框间都有可严密嵌合的凸凹槽结构。

铝合金骨架型材一般分为立柱（或称竖梃、竖框、竖向杆件）和横档（横向杆件）。断面尺寸有多种规格，可根据使用要求进行选择。目前，其主要组装形式大致有三种，即竖框式、横框式和框格式。

1. 竖框式

玻璃幕墙立面形式为竖线条的装饰效果，如图5－24所示。幕墙竖框外露并主要受力，在竖框之间镶嵌窗框和窗下墙。

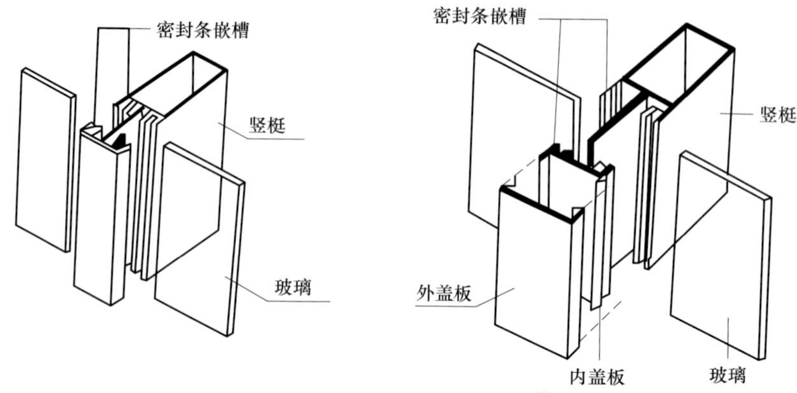

图 5－24 竖框式玻璃幕墙构造图

2. 横框式

玻璃幕墙的立面形式为横线条的装饰效果，如图 5－25 所示。幕墙横框外露并主要受力，窗与窗下墙是水平连续的。

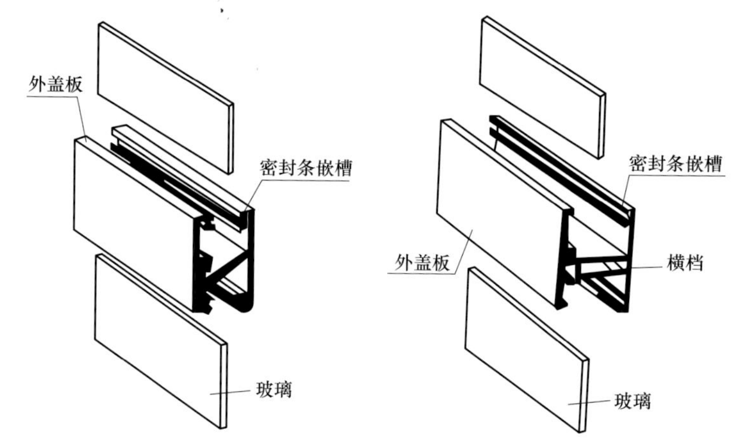

图 5－25 横框式玻璃幕墙

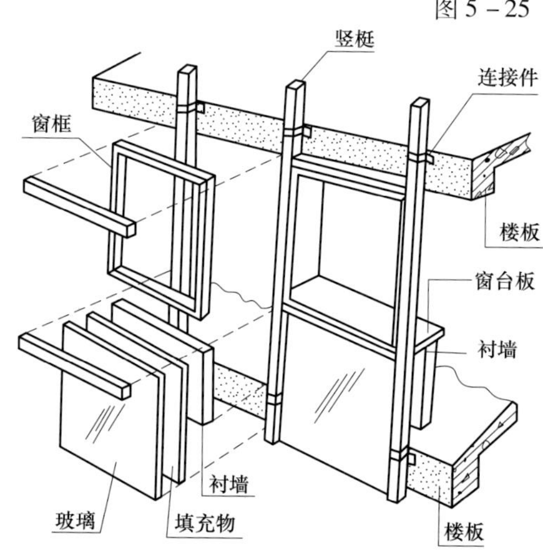

图 5－26 框格式玻璃幕墙构造

3. 框格式

幕墙竖框与横框全部外露，形成格子状，形成设计的玻璃装饰饰面（见图 5－26 和图 5－27）。

（三）不露骨架（隐框）结构构造

不露骨架（隐框）结构构造主要是玻璃直接与骨架连接，幕墙饰面外不露骨架，也不见窗框。外观新颖、简洁，是目前较为流行的一种，如图 5－28 所示。采用硅氧合成橡胶密封剂等将玻璃粘贴到金属的封框上，封框在玻璃的背后，从立面上看不到封框。深圳特区发展中心大厦在中国首次使用这种幕墙，玻璃幕墙的安装技术及加工技术达到了一个新的高度。幕墙的骨架所使用的材料，既可以用铝合金型材，也可以用型钢，根据使用要求、装饰效果和经济造价等因素综合考虑。

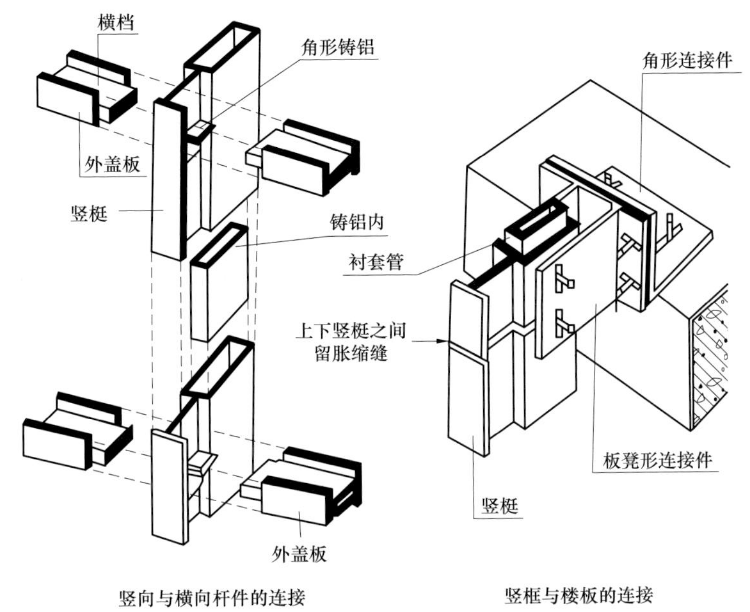

图 5－27 框格式玻璃幕墙构造连接详图

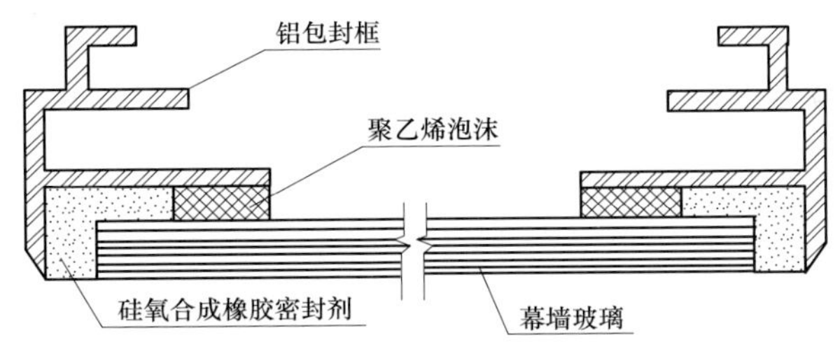

图 5－28 隐框玻璃幕墙的玻璃固定部分构造

（四）挂架结构构造

挂架玻璃幕墙又名点支撑玻璃幕墙，主要构造是采用四爪式不锈钢挂件与立柱或楼层结构相连接，每块玻璃四角加工钻 4 个圆孔，挂件的每个爪与 1 块玻璃 1 个孔相连接，即 1 个挂件同时与 4 块玻璃相连接，或 1 块玻璃固定于 4 个挂件上，如图 5－29 和图 5－30 所示。

（五）无骨架玻璃幕墙构造

无骨架玻璃幕墙是不使用上述各种骨架安装构造的玻璃幕墙，其本身既是饰面构件，又是承受水平荷载的承重构件。整个玻璃幕墙采用通长的大块玻璃，通透感更强，视线更加开阔，立面更为简洁。一般适用于高层建筑的裙房外围，或是建筑物首层部位幕墙玻璃的固定方法可采用吊钩悬吊固定、特殊型材固定或采用金属框固定等形式，如图 5－31 和图 5－32 所示。

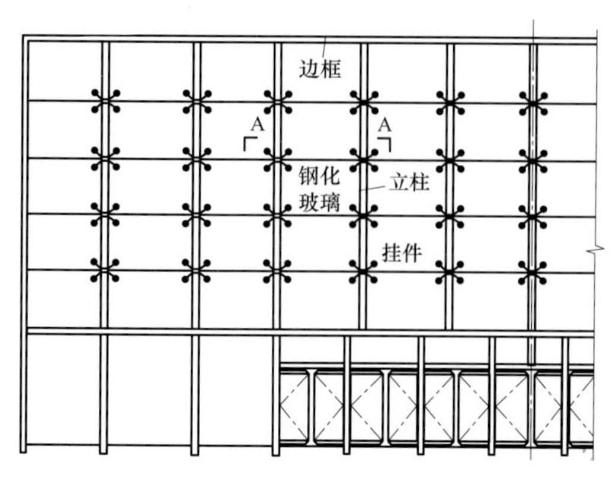

图 5－29 挂架玻璃幕墙立面

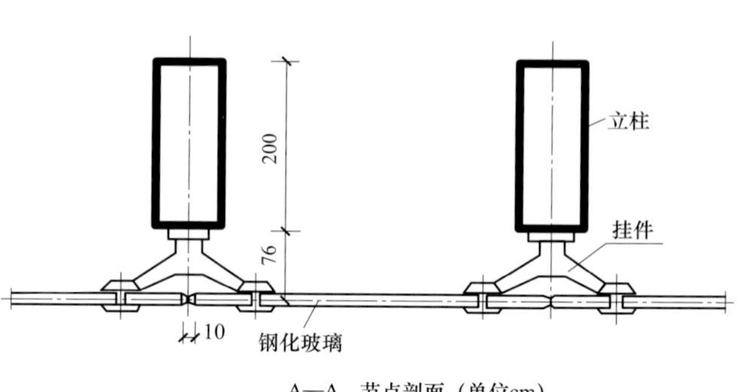

图 5－30 挂架玻璃幕墙节点剖面

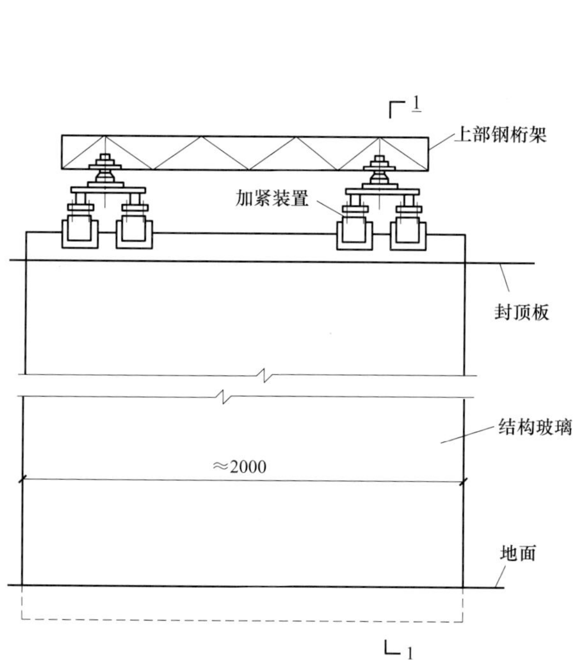

图 5－31 无骨架玻璃幕墙的构造（单位：mm）

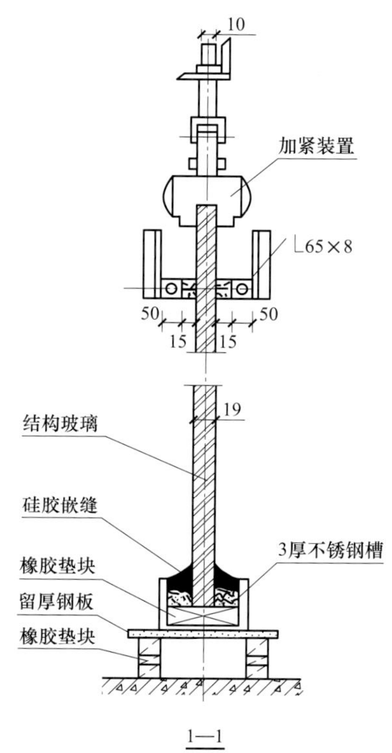

图 5－32 无骨架玻璃幕墙的构造节点剖面（单位：mm）

第六章

石膏装饰材料

石膏是人类最早使用的加工材料之一，可用来黏结石材等块材，也可制成一些制品使用，是最早的石膏及石膏制品。石膏装饰的艺术效果，在视觉上给人以温文尔雅、朴实无华的感觉，而且价格低廉、可塑性好（见图6－1），因此，受到了人们的认同和喜爱，成为了重要的建筑装饰材料。

图6－1　石膏材料顶面装饰效果

第一节　石膏的基本知识

一、石膏的概念

石膏是以硫酸钙为主要成分的建筑装饰材料。根据不同功能和效果的需要，石膏的种类有很多，主要包括建筑石膏、高强度石膏、无水石膏等，其中建筑石膏在建筑装饰工程中应用最广泛。

二、主要用途

（一）在建筑及建材工业中的应用

石膏建筑制品，包括轻质墙体材料石膏板、石膏墙体物件。具有质轻、抗震、导热性低、不燃、隔声、吸湿，可钉可锯等特点（见图6-2）。

（二）在水泥产品中的应用

石膏可作硅酸盐水泥缓凝剂。在水泥熟料中加入适量石膏能解除水泥快凝，提高水泥强度，使水泥制品在空气中的干缩率下降，提高水泥的抗冻性、抗化学性和安定性。

三、石膏装饰材料的特点

石膏具有许多优越的建筑使用性能，如其颜色洁白，掺加各种颜料后可呈现各种色彩，可用来涂刷墙面，装饰效果好；也可制成各种图案的装饰花饰，用于室内顶棚装饰（见图6-3）。石膏加水制作石膏制品时体积会略微膨胀，这样可使石膏制品表面光滑细致而不出现裂缝。

图6-2　石膏吊顶装饰效果

图6-3　石膏板材室内顶棚装饰

第二节　建筑石膏制品

图6-4　石膏板材

石膏板是以建筑石膏为主要原料而制成。具有质轻、保温、防火、吸声、形体饱满、线条清晰、表面光滑细腻，装饰性能好，可锯可弯等特点，是建筑装饰工程中常用的材料（见图6-4）。

一、石膏板特点

（1）轻质。用纸面石膏板作隔墙，与砖墙相比轻质，有利于结构抗震，并可有效减少基础及结构主体造价。

（2）保温隔热。由于石膏板的多孔结构，其导热与灰砂砖砌块相比，其隔热性能具有显著的优势。

(3) 防火性能好。由于石膏芯本身不燃，且遇火时在释放化合水的过程中会吸收大量的热，延迟周围环境温度的升高，因此，纸面石膏板具有良好的防火阻燃性能。

(4) 隔声性能好。纸面石膏板隔墙具有独特的空腔结构，大大提高了系统的隔声性能(见图6-5)。

(5) 装饰功能好。纸面石膏板表面平整，板与板之间通过接缝处理形成无缝表面，表面可直接进行装饰（见图6-6）。

图6-5 会议室吊顶石膏板材的装饰效果图

图6-6 居室墙面石膏板材的装饰效果

(6) 可施工性好。仅需裁纸刀便可随意对纸面石膏板进行裁切，施工非常方便，用它做装饰，可以摆脱传统的湿法作业，极大地提高施工效率（见图6-7）。

(7) 绿色环保。纸面石膏板采用天然石膏及纸面作为原材料，硅酸钙类板材及水泥纤维板均采用石棉作为板材的增强材料。

图6-7 石膏板吊顶施工图

二、常用的石膏板

(一) 普通纸面石膏板

普通纸面石膏板是以建筑装饰石膏为主要原料，掺入少量纤维和外加剂构成芯材，如填充剂、发泡剂、缓凝剂，加入水搅拌、浇筑、辊压构成芯材，两面纸面作护面。

1. 普通纸面石膏板的特点

普通纸面石膏板具有质轻、防火、可调节室内温度等优点，但抗压强度低，不能用于承重结构，大多用于吊顶装饰材料。

2. 规格

普通纸面石膏板宽度分为900、1200mm；长度为1800、2100、2400、2700、3000、3300、3600mm；厚度为9、12、15、18mm。

3. 应用

普通纸面石膏板应用于办公空间、宾馆、候机大厅、住宅等建筑装饰吊顶、隔断。普通纸面石膏板，一般不作为装饰表面使用，要经过刮腻子、刷乳胶漆，贴壁纸，镶贴各种材料装饰表面使用（见图6－8）。

图6－8　政务大厅吊顶装饰效果

（二）耐水纸面石膏板

耐水纸面石膏板是以建筑石膏为主要原料，掺入适量耐水外加剂构成耐水芯材，外加纸质护面，形成的装饰材料。

1. 特点

耐水纸面石膏板是为适用于室内高湿度环境而开发生产的耐水防潮类的轻质板材，其石膏芯内掺入防水剂，外加防水纸质护面，成为特殊的装饰材料。

2. 规格

普通纸面石膏板宽度分为900、1200mm；长度为1800、2100、2400、2700、3000、3300、3600mm；厚度为9、12、15、18mm。

3. 应用

耐水纸面石膏板主要运用于防水要求高的环境，如厨房、卫生间等场所（见图6－9）。

图6－9　耐水石膏板的应用

（三）耐火纸面石膏板

耐火纸面石膏板是以建筑石膏为主要原料，掺入适量无机耐火纤维构成耐水芯材，外加纸质护面，形成的装饰材料。

1. 特点

耐火纸面石膏板属于难燃性建筑材料（B1级），具有较强的遇火稳定性，其遇火稳定时间大于20～30min。当耐火纸面石膏板与轻钢龙骨石膏板共同使用时，可作A级装饰材料使用。

2. 规格

耐火纸面石膏板长度分为1200、2100、2400、2700、3000、3300mm；宽度为900、1800mm；厚度为9、12、15、18、21、25mm。

3. 应用

耐火纸面石膏板主要运用于博物馆、售票厅、商场、娱乐场所等人多聚集公共场所（见图6-10、图6-11）。

图6-10　耐火石膏板的应用

图6-11　耐火纸面石膏板运用实例

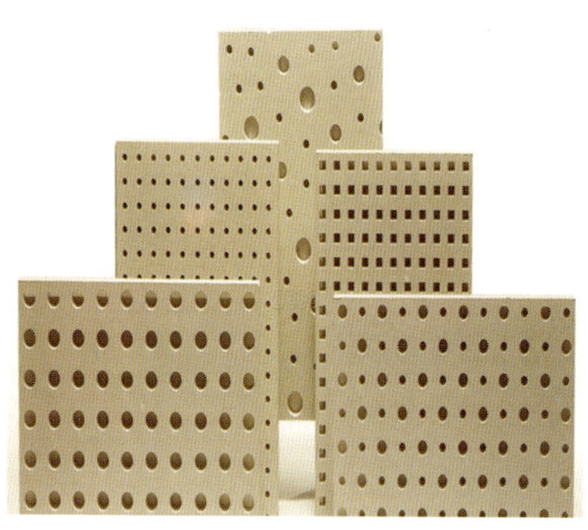

图 6－12　吸声穿孔石膏板

（四）吸声穿孔石膏板

吸声穿孔石膏板是以穿孔的石膏板或纸面石膏板为基础板材，覆透气性材料而成的石膏板（见图 6－12）。

1. 特点

吸声穿孔石膏板具有较高的吸声功能，还具有较好的防火、防水和遇火稳定性。

2. 应用范围

吸声穿孔石膏板广泛应用于音乐厅、影剧院、演播厅、会议室及对吸声要求高的公共场所，通常用作天棚、墙面装饰材料（见图 6－13）。

图 6－13　吸声穿孔石膏板运用实例

3. 规格

吸声穿孔石膏板一般尺寸为 600mm × 600mm 和 500mm × 500mm。

第三节　石膏板的装饰构造

一、纸面石膏板的饰面构造

纸面石膏板的饰面构造如图 6－14 ~ 图 6－16 所示。

纸面石膏板隔墙、柱面构造，有重量轻、防火性能好、施工方便等特点，在装饰施工中是常用的装饰手法。纸面石膏板构造以轻钢龙骨为骨架，利用钉、粘或专门连接固定件连接，以纸面石膏板和纤维石膏板作为隔板贴于骨架两侧形成。

为提高隔墙的隔声性，可填充保温材料、隔声材料（如岩棉板、岩棉毡及泡沫板）等，形成一种保温隔声墙。

纸面石膏板按照要求用自攻丝固定在轻钢龙骨上，钉间距为 150 ~ 170mm，防止螺钉变形、弯曲（见图 6－16 和图 6－17）。

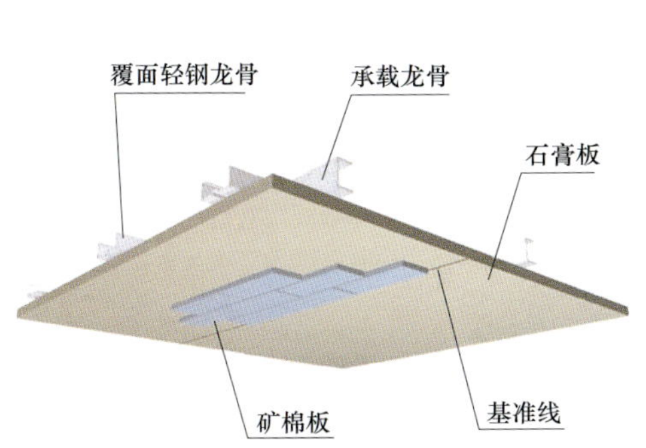

图 6－14　纸面石膏板的饰面构造一

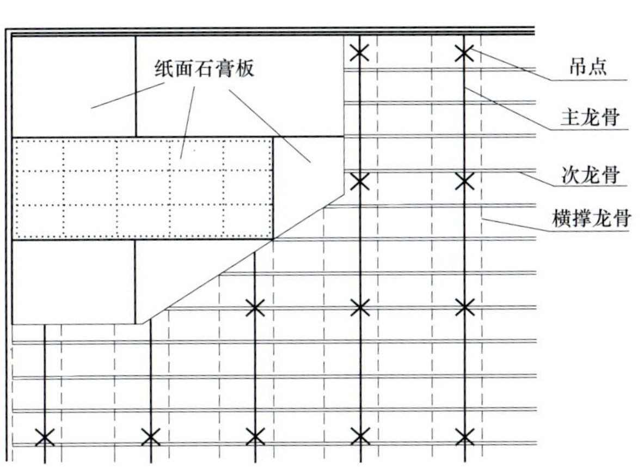

图 6－15　纸面石膏板的饰面构造二

图 6－16　石膏板安装操作实例一

图 6－17　石膏板安装操作实例二

钉眼处理：自攻螺钉头应埋入板面 0.5～1mm，但不能使板材纸面破损；钉眼涂刷防锈漆，然后用石膏腻子抹平。

板缝处理：先将石膏腻子均匀地嵌入板缝，并且在板缝外刮涂大约 60mm 宽、1mm

厚的腻子，随即贴上穿孔纸带或玻璃纤维网格带，用刮刀顺穿孔纸带的方向刮压，将多余腻子挤出并刮平、刮实，不可以留有气泡，再在板缝表面刮一遍约150mm宽的腻子（见图6－18）。

图6－18　弯曲结构石膏板吊顶构造示意图

二、装饰石膏板吊顶构造

吊顶是建筑装饰的重要组成部分，除了体现建筑物装饰效果和艺术风格，还具有许多功能目的，直接影响建筑室内的环境与使用。

装饰石膏板吊顶，在承重上也分上人和不上人两种类型。吊顶板材布置有密缝和离缝两种形式；吊顶周边通常采用平板和宽缝两种做法，这些均需视工程需要，由设计人员选择使用。

（一）搁置平放法

当采用T形铝合金龙骨或轻钢龙骨时，可将装饰石膏板搁置在由T形龙骨组成的格栅框内（格栅框的尺寸一定要与使用的装饰石膏板尺寸相同），吊顶施工即告完成（见图6－19～图6－21）。

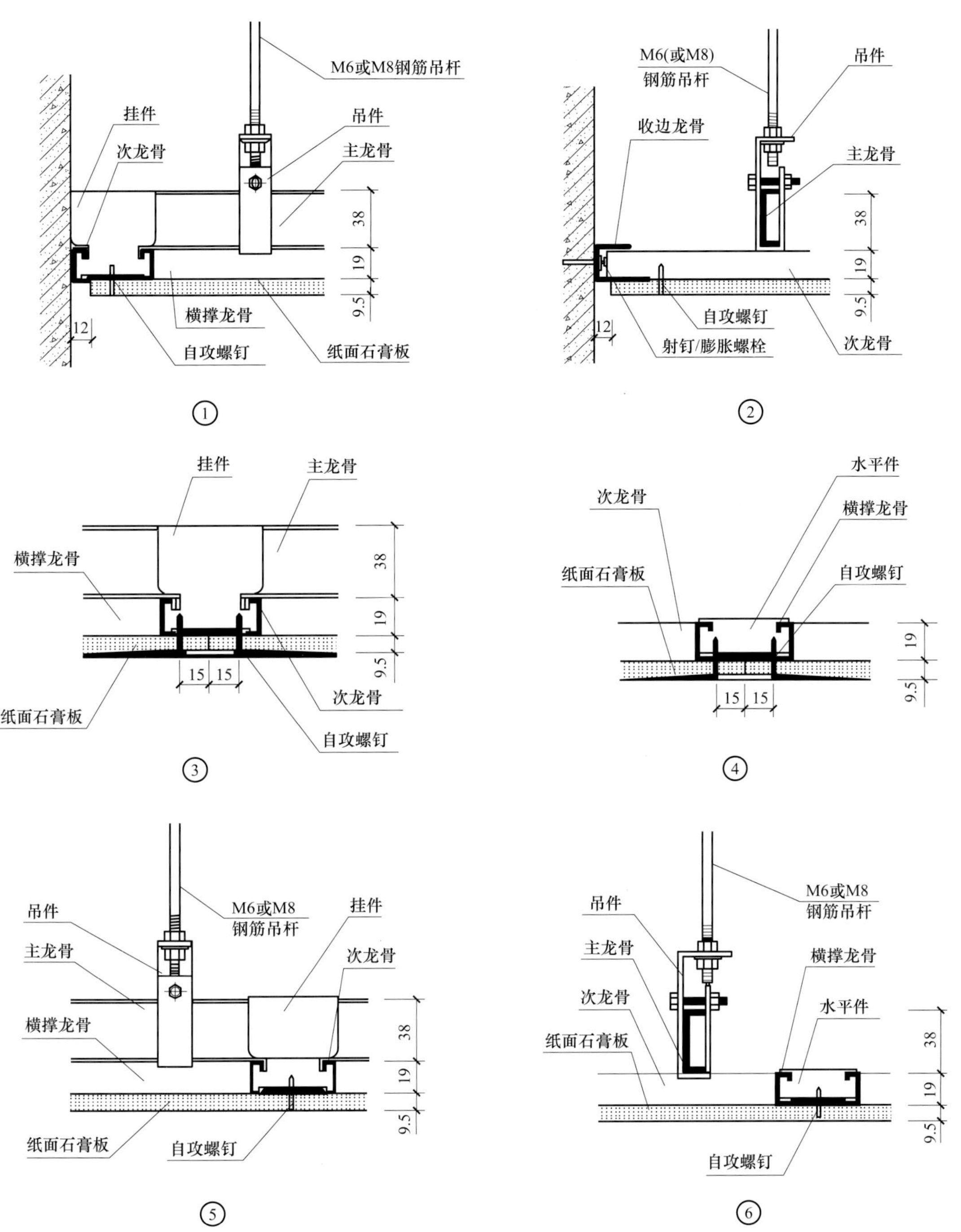

图 6－19 纸面石膏板吊挂构造图

图6－20 装饰石膏板吊顶构造示意图一

图6－21 装饰石膏板吊顶构造示意图二

（二）螺钉固定法

如采用U形轻钢龙骨装饰石膏板可用镀锌自攻螺钉与U形中、小龙骨固定。

（三）胶黏固定法

在装饰石膏板的背面或背面周边涂上胶黏剂。再在基层板或龙骨底平面同样涂上胶黏剂，最后用力压合直至粘贴牢固。

吊顶采用木龙骨时，装饰石膏板可用镀锌自攻螺钉与木龙骨固定。钉子的板边距离应大于10mm，钉子间距应以150～180mm为宜，均匀布置，钉与板面应垂直。钉头应嵌入石膏板内0.5～1mm深，钉帽涂防锈涂料，以免生锈。钉眼用腻子刮平后，再用与板面颜色相同的色浆修补。木龙骨底面宽要求大于50mm，厚度大于35mm，宜用20～25mm自攻螺钉，还可采用铝压条或托花修饰（见图6－22和图6－23）。

图 6－22　装饰石膏板吊顶构造示意图

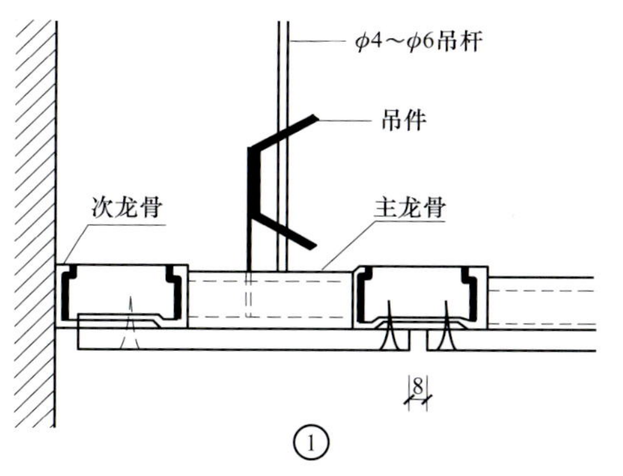

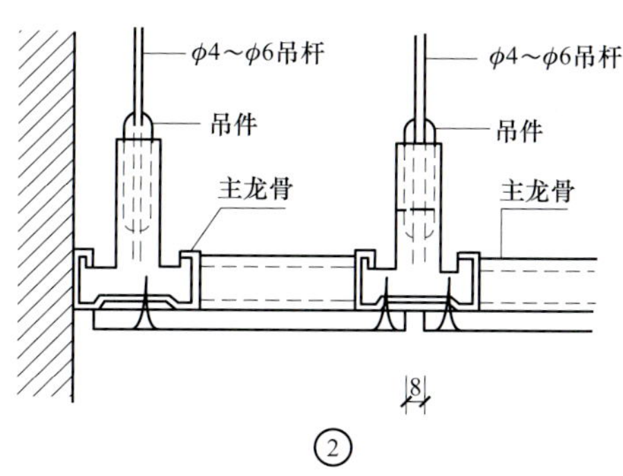

图 6－23　装饰石膏板的吊顶节点构造

大芯板根据材质的优劣及面材的质地在市场上分为优等品、一等品及合格品。

细木工板表面应平整，无翘曲，无变形，无起泡，无凹陷；芯条排列均匀整齐，缝隙小，芯条无腐朽，无断裂，无虫孔，无节疤等。有的细木工板偷工减料，实木条的缝隙大，如果在缝隙处打钉，则基本没有握钉力。再就是用尖嘴器具敲击板材表面，听一下声音是否有很大差异，如果同一张板材的不同部位声音有变化，说明板材内部存在空洞。这些现象会使板材整体承重力减弱，长期的受力不均匀会使板材结构发生扭曲、变形，影响外观及使用效果。

细木工板广泛应用于家具、门窗及套、隔断、假墙、暖气罩、窗帘盒等。

三、密度板

密度板，也称纤维板，是以木质纤维或其他植物纤维为原料，施加胶黏剂制成的人造板材。内部组织结构细密、特别具有密实的边缘，可以加工成各种异型的边缘，并且不必封边直接涂饰，可以取得较好的造型效果。其组织结构均匀，内外一致，因此可以进行表面的雕花加工和加工成各种断面的装饰线条，适于代替天然木材作结构材料（见图 7－4）。

密度板按其密度的不同，分为高密度板、中密度板、低密度板。密度板由于耐冲击，强度较高，压制好后密度均匀，也容易再加工，是制作家具的一种良好材料，但缺点是防水性较差。

高密度纤维板以其优异的各项物理性能，兼容了中纤板的所有优点，广泛应用于室内外装潢，办公、高档家具、音响、高级轿车内部装饰，还可用作计算机室抗静电地板、护墙板、防盗门、墙板、隔板等的制作材料。同时，高密度板还是包装品的良好材料。近年来更是取代高档硬木直接加工成复合地板、强化地板等。

四、刨花板

刨花板，又叫微粒板、蔗渣板，由木材或其他木质纤维素材料制成的碎料，施加胶黏剂后在热力和压力作用下胶合成的人造板。又称碎料板。主要用于家具和建筑工业及火车、汽车车厢制造（见图 7－5）。

图 7－4　密度板

图 7－5　刨花板

刨花板是用木材碎料为主要原料，再渗加胶水，添加剂经压制而成的薄型板材。按压制方法可分为挤压刨花板、平压刨花板二类。这类板材主要优点是价格非常便宜。缺点也很明显：强度极差。一般不适宜制作较大型或者有力学要求的家具。

五、三聚氰胺饰面板

三聚氰胺饰面板，是以三聚氰胺为主要溶剂，加入木或草纤维作为基材，表面附以用三聚氰胺溶剂浸泡的不同色彩和肌理效果的面材，经过加温加压成型的板材。在生产过程中，一般是由数层纸张组合而成，数量多少根据用途而定。

三聚氰胺板表面平整、因为板材双面膨胀系数相同而不易变形、颜色鲜艳、表面较耐磨、耐腐蚀，价格经济。其可以任意仿制各种图案，色泽鲜明，用作各种人造板和木材的贴面，硬度大，耐磨，耐热性好。耐化学药品性能好，能抵抗一般的酸、碱、油脂及酒精等溶剂的磨蚀。表面平滑光洁，容易维护清洗。由于它具备了天然木材所不能兼备的优异性能，故常用于室内建筑及各种家具、橱柜的装饰上。

六、欧松板

欧松板是一种新型环保建筑装饰材料。它是以小径材、间伐材、木芯为原料，通过专用设备加工成40～100mm长、5～20mm宽、0.3～0.7mm厚的刨片，经脱油、干燥、施胶、定向铺装、热压成型等工艺制成的一种定向结构板材。欧松板内部为定向结构，无接头、无缝隙、裂痕，整体均匀性好，内部结合强度极高，所以无论中央还是边缘都具有普通板材无法比拟的超强握钉能力（见图7－6）。

欧松板是目前世界范围内发展最迅速的板材，在北美、欧洲、日本等发达国家已广泛用于建筑、装饰、家具、包装等领域，是细木工板、胶合板的升级换代产品。欧松板全部采用高级环保胶黏剂，符合欧洲最高环境标准EN300标准，成品完全符合欧洲E1标准，其甲醛释放量几乎为零，可以与天然木材相比，远远低于其他板材，是目前市场上最高等级的装饰板材，是真正的绿色环保建材，完全满足现在及将来人们对环保和健康生活的要求。欧松板的市场价格也与高档大芯板相当，但在环保性能和物理特性方面都具有优势。

图7－6 欧松板

七、矿棉板

矿棉板一般指矿棉装饰吸声板。主要是由岩棉、酚醛树脂等主要原料通过加入其他添加物高压蒸挤切割制成。表面一般有无规则孔或微孔等多种。

（1）矿棉板通常有滚花、浮雕、印刷、自然型、米格等多种外观品种：规格上一般分正方形与长方形两种，尺寸为500mm×500mm、600mm×600mm、300mm×600mm、600mm×1200mm等。

（2）矿棉板用途：矿棉吸声板具有吸声、不燃、隔热、装饰等优越性能，是良好的室内天棚装饰材料，广泛用于各种建筑吊顶、贴壁的室内装修，如宾馆、饭店、剧场、商场、办公场所、播音室、演播厅、计算机房及工业建筑等。

（3）矿棉板产品特点：

1）吸声降噪性：矿棉板以矿棉为主要生产原料，而矿棉微孔发达，减小声波反射、消除回声、隔绝楼板传递的噪声，适用于办公室、学校、商场等场所。

2）隔声性：通过天花板材有效地隔断各室的噪声，营造安静的室内环境。

3）防火性：矿棉板是以不燃的矿棉为主要原料制成，在发生火灾时不会产生燃烧，从而有效地防止火势的蔓延。

八、饰面防火板

饰面防火板又名耐火板，为热固性树脂浸渍纸高压层积板，表面装饰用耐火耐热的建材，有丰富的表面色彩，纹路以及防尘、防水、易保养的特点。常用规格有：2135mm×915mm、2440mm×915mm、2440mm×1220mm，厚0.6～1.2mm。

防火板是原纸（钛粉纸、牛皮纸）经过三聚氰胺与酚醛树脂的浸渍工艺，高温高压成。三聚氰胺树脂热固成型后表面硬度高、耐磨、耐高温、耐撞击，表面毛孔细小不易被污染，耐溶剂性、耐水性、耐药品性、耐焰性等机械强度。绝缘性、耐电弧性良好及不易老化。

饰面防火板的装饰效果丰富，能产生平面彩色、木纹、皮革颜色、石材颜色、细格几何图案及金属色彩等多种效果，广泛用于室内墙面装饰、家具、橱柜、栏杆、实验室台面、外墙等项目的装饰装修。

九、铝扣板

铝扣板经过十几年的发展，已经成为室内装饰装修工程中不可缺少的材料之一。常见种类有：

（1）铝镁合金，同时含有部分锰，该材料最大的优点是抗氧化能力好，同时因为加入适量的锰，在强度和刚度上有所提高，是吊顶的最佳材料。

（2）铝锰合金，该板材强度与刚度略优于铝镁合金，但抗氧化能力略有不足。

（3）铝合金，该板材所含锰、镁较少，所以其强度及刚度均明显低于铝镁合金和铝锰合金，抗氧化能力一般（见图7－7）。

铝扣板的表面处理方式很多，如静电喷涂、烤漆、滚涂、珠光滚涂、覆膜。因其具备阻燃、防腐、防潮、装拆方便且外观效果多样的优点，在室内装修工程中得到广泛应用，被人们誉为“厨卫的帽子”。在选择铝扣板时，并非越厚越好，而在于用料，家用板材0.6mm就可以了，因为铝扣板不像塑钢板那样存在跨度问题，选择的关键在板子的弹性和韧性，其次是表面处理（见图7－8）。

图7－7　铝扣板

图7－8　铝扣板吊顶

十、阳光板

阳光板，简称 PC 板，主要由 PC/PET/PMMA/PP 材料制作，是目前国际上广泛采取的一种高强度、透光、隔声、节能的新型优质装饰资料。

普遍用于各种建筑（公共、产业、民用、贸易等）采光屋顶和室内装饰装修；火车站和航空港等待厅及过街天桥、通道顶棚；汽车站、轮渡码头等公共服务设施的顶盖和景观园林小品；天窗、地窖、拱形屋顶及商场顶棚；旅游、游艺场合及休息廊厅；透光隔热及隔声屏障路牌广告、灯箱广告及展览展示（见图 7－9 和图 7－10）。

图 7－9　阳光板

图 7－10　阳光板车棚

十一、亚克力

亚克力，俗名特殊处理有机玻璃。包括单体、板材、粒料、树脂以及复合材料，亚克力板由甲基烯酸甲酯单体（MMA）聚合而成，即有机玻璃，近年来因将所有由透明塑料如 PS、PC 等均统称有机玻璃（见图 7－11）。

图 7－11　亚克力家具

（一）特性

（1）透明度佳。亚克力具有高透明度，透光率达 92%，有“塑胶水晶”之美誉。

（2）优良的耐候性。对自然环境适应性很强，即使长时间在日光照射、风吹雨淋也不会使其性能发生改变，抗老化性能好，在室外也能安心使用

（3）加工性能良好。既适合机械加工又易加热成型，可以染色，表面可以喷漆、丝印或真空镀膜。

（4）优异的综合性能。品种繁多、色彩丰富，并具有极其优异的综合性能，为设计者提供了多样化的选择。

（二）亚克力用途

（1）建筑应用：橱窗、隔声门窗、采光罩、电话亭等。

（2）广告应用：灯箱、招牌、指示牌、展架等（见图 7－12）。

（3）交通应用：火车、汽车等车辆门窗等。

（4）照明应用：日光灯、吊灯、街灯罩等。

十二、玻镁防火板

（一）玻镁防火板材料

玻镁防火板材料主要为：氯化镁、轻烧氧化镁、菱镁改性剂、玻纤布、有机或无机环保填料（木屑或珍珠岩等产品），如图 7－13 所示。规格有 2400mm×1200mm×8mm、2440mm×1200mm×8mm，厚度还有 9、10、12mm 几种。它是经压制复合而成，通过抛光铺浆处理，表面光滑，适用于房屋吊顶、装潢、隔墙、隔断、保温、防火门衬板、防火分隔、净化板专用内衬板等。

图 7－12　亚克力灯箱

图 7－13　玻镁防火板

（二）产品特性

它具有不燃不爆，耐水、耐油、耐化学腐蚀以及机械强度高等特点。玻镁防火板是目前最轻质板材，完全代替木质板材建筑和装饰材料，在建筑装饰时效率快、强度高，同时也不因水分、潮湿或蒸汽的影响而产生腐烂，是一种采用无机矿化材料组成的优良环保建材。重量轻、可切割、可钻孔、可钉、可弯曲、高强、节能、代木、无毒无害、施工简便，隔热、隔声、吸声、防火、防水、耐腐蚀、不霉变、具有呼吸功能，可加工性强，经久耐用（耐久性好，冷暖循环超过 25 次不起层、无裂缝）（见图 7－14）。

图 7－14　玻镁防火板色卡

（三）主要用途

可替代木质胶合板做墙裙、门窗板门板、家具等，也可根据需要做调和漆、清水漆，并可加工成各种类型的板面，同时可用于地下室、人防等潮湿环境的工程，还可以与多种保温材料复合，制成复合保温板材。广泛被应用于高层住宅、宾馆、写字楼、商业购物中心、实验室、工厂、活动房、医院、火车站、舞厅、家用民房（见图 7-15）。

图 7-15　玻镁防火板橱柜

第二节　装饰板材的装饰构造

板材类装修是指采用天然木板或各种人造薄板借助于镶钉胶等固定方式对墙面进行装饰处理。板材类墙面由骨架和面板组成，骨架有木骨架和金属骨架，面板有硬木板、胶合板、纤维板、石膏板等各种装饰面板和近年来应用日益广泛的金属面板。常见的构造做法如下：

一、木质饰面板类构造

木质板墙面系用各种硬木板、胶合板、纤维板以及各种装饰面板等作的装修。具有美观大方、装饰效果好，且安装方便等优点，但防火、防潮性能欠佳，一般多用作宾馆、大型公共建筑的门厅以及大厅墙面的装修。木质板墙面装修构造是先在墙内预埋木砖，墙面抹底灰，刷热沥青或铺油毡防潮，然后钉双向木筋，中距 400～600mm，然后外钉面板（见图 7-16）。木质板墙面面层一般选用木质致密、花纹美丽的水曲柳、柚木、桦木、紫檀木、樱桃木和黑胡桃，还可采用沙比利等名贵木材。

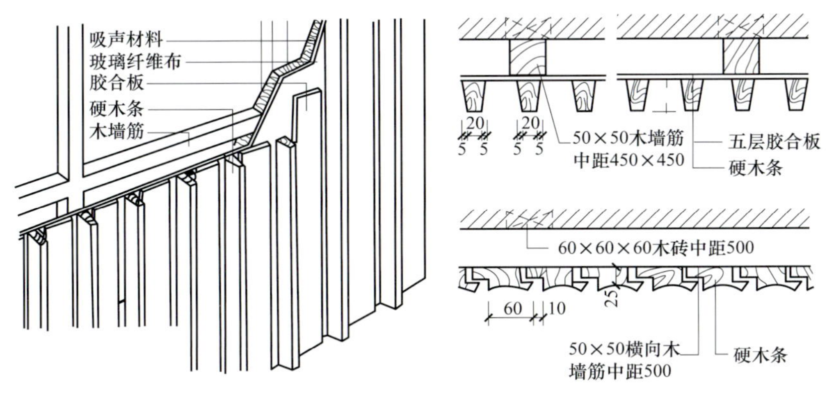

图 7-16　木质板墙面构造（单位：mm）

二、金属薄板墙面装饰构造

金属薄板墙面是指利用薄钢板、不锈钢板、铝板或铝合金板作为墙面装修材料。因其精密、轻盈，体现着新时代的审美情趣。

金属薄板墙面装修构造，也是先立墙筋，然后外钉面板。墙筋用膨胀铆钉固定在墙上，间距根据不同的面材和墙面要求而定，一般为60～90mm。金属板用自攻螺丝或膨胀铆钉固定，也可先用电钻打孔后用木螺丝固定，有时金属板用特种胶固定，以保证墙面的整体效果。

三、石膏板墙面装饰构造

一般构造做法是：首先在墙体上涂刷防潮涂料，然后在墙体上铺设龙骨，木龙骨断面为50mm×50mm（单面钉板）和50mm×80～100mm（双面钉板），中距为400mm。对于一些防火要求较高的墙面，可采用金属龙骨，如铝合金或槽钢。做好龙骨后，将石膏板直接用钉或螺丝固定在龙骨上，最后进行板面修饰（见图7－17）。

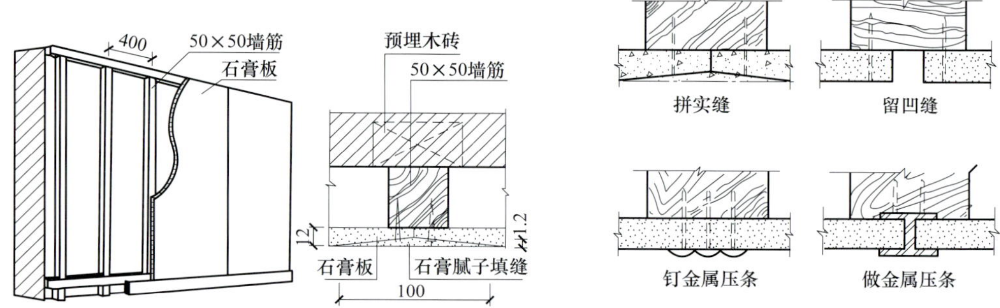

图7－17　石膏板墙面构造（单位：mm）

第八章

建筑装饰纤维织物及制品

装饰纤维制品主要包括地面装饰类、墙面贴饰类、挂帷遮饰类、家具覆饰类、床上用品类、餐厨用品类等。这类纤维制品的色彩、质地、柔软性及弹性等均会对室内的质感、色彩及整体装饰效果产生直接影响。合理选用装饰用织物，既能使室内呈现豪华气氛，又给人以柔软舒适的感觉。(图 8－1～图 8－3)

图 8－1　装饰纤维织品装饰

图 8－2　纺织品装饰效果一

图 8－3　纺织品装饰效果二

第一节 装饰纤维制品的基本知识

一、常用纤维原料

装饰纤维制品所使用的纤维原料包括天然纤维和化学纤维两大类。这两类纤维各有其优点和特性。

（一）天然纤维

天然纤维是传统的纺织原料，分棉、毛、丝、麻等。这类纤维有使用舒适、外观自然优美的特性，在现代纺织装饰面料中占有十分重要的地位，许多高档装饰用的织物，以及床上用纺织品大都选用天然纤维作原料。

（二）化学纤维

化学纤维是用天然的或人工合成的高分子物质为原料、经过化学或物理方法加工而制得的纤维的统称。因所用高分子化合物来源不同，可分为以天然高分子物质为原料的人造纤维和以合成高分子物质为原料的合成纤维。简称化纤。

二、装饰纤维织品分类

（一）地面装饰类纺织品

地面装饰类纺织品为软质铺地材料，目前常用的主要是地毯。地毯具有吸声、保温、行走舒适和装饰作用（见图8－4、图8－5）。

图8－4 地面装饰类纺织品一

图8－5 地面装饰类纺织品二

（二）墙面贴饰类纺织品

墙面贴饰类纺织品泛指墙布织物。墙布具有吸声、隔热、调节室内湿度与改善环境的作用。墙布较常见的有黄麻墙布、印花墙布、无纺墙布、植物纺织墙布。此外，还有丝绸墙布、静电植绒墙布等（见图8－6）。

（三）挂帷遮饰类纺织品

挂帷装饰类纺织品是挂置于门、窗、墙面等部位的织物，也可用作分隔室内空间的屏障，具有隔声、遮蔽、美化环境等作用。主要形式有悬挂式、百叶式两种。常用的织物有薄型窗纱，中、厚型窗帘，垂直帘，横帘，卷帘，帷幔等（见图8－7）。

图 8－6　墙面贴饰类纺织品装饰效果

图 8－7　挂帷遮饰类纺织品装饰效果

（四）家具覆饰类纺织品

家具覆饰类纺织品是覆盖于家具之上的织物。主要有沙发布、沙发套、椅垫、椅套、台布、台毯等。此外，还有用于公共运输工具如汽车、火车、飞机上的椅套与坐垫织物，具有保护和装饰的双重作用（见图 8－8 和图 8－9）。

图 8－8　家具覆饰类纺织品装饰效果一

图 8－9　家具覆饰类纺织品装饰效果二

（五）床上用品类纺织品

床上用品是家用装饰织物最主要的类别。床上用品包括床垫套、床单、床罩、被子、被套、枕套、毛毯等织物。具有舒适、保暖、协调并美化室内环境的作用（见图 8－10）。

图 8－10　床上用品类纺织品装饰效果

（六）卫生盥洗类纺织品

卫生盥洗类纺织品以巾类织物为主。这类织物主要有毛巾、浴巾、浴衣、浴帘等。具有柔软、舒适、吸湿、保暖的性能（见图 8－11）。

（七）餐厨用品类纺织品

餐厨用纺织品在家用纺织装饰品中所占比重较小，较注重实用性能与卫生性能。一般包括餐巾、方巾、围裙、防烫手套、保温罩、餐具存放袋及购物的包袋等物（见图8－12）。

图8－11 卫生盥洗类纺织品

图8－12 餐厨用品类纺织品装饰效果

（八）纤维工艺美术品

纤维工艺美术品是以各式纤维为原料编结、制织的艺术品，主要用于装饰墙面，多为欣赏性强的装饰品，也有具有使用功能的装饰品。这类织物有平面挂毯、立体型现代艺术壁挂等（见图8－13和图8－14）。

图8－13 纤维工艺美术品墙面装饰效果

图8－14 纤维工艺美术品床头装饰效果

第二节　地　　毯

地毯是一种高级地面装饰材料，有悠久的历史，也是一种世界通用的装饰材料之一。它不仅具有隔热、保温、吸声、挡风及弹性好等特点，而且铺设后可以使室内具有高贵、华丽、悦目的氛围。所以，它是自古至今经久不衰的装饰材料，广泛应用于现代建筑和民用住宅（图 8－15 和图 8－16）。

图 8－15　地毯制品在家居中的应用一

图 8－16　地毯制品在家居中的应用二

一、地毯的主要技术性质

（一）耐磨性

地毯的耐磨性一般用耐磨次数来表示，即地毯在固定压力下磨至背衬露出所需要的次数。耐磨次数愈多，表示耐磨性愈好。耐磨性的优劣与所用材质、绒毛长度及道数有关。

（二）弹性

地毯的弹性是指地毯经过一定次数的碰撞后厚度减少的百分率。

（三）剥离强度

剥离强度是衡量地毯面层与背衬复合强度的一项性能指标，也是衡量地毯复合后耐水性指标。

（四）黏合力

黏合力是衡量地毯绒毛固着在背衬上的牢固程度的指标。

（五）抗老化性

抗老化性主要是对化纤地毯而言。这是因为化学合成纤维在空气、光照等因素作用下会发生氧化，使性能下降。通常是用经紫外线照射一定时间后，化纤地毯的耐磨次数、弹性及色泽的变化情况加以评定。

（六）抗静电性

化纤地毯使用时易产生静电，产生吸尘和难清洗等问题，严重时人有触电的感觉。因此化纤地毯生产时常掺入适量抗静电剂。抗静电性用表面电阻和静电压来表示。

（七）耐燃性

燃烧时间在12min以内，燃烧直径在17.96cm以内，耐燃性合格。

二、几类常用地毯的分类

（一）纯毛地毯

纯毛地毯是用绵羊毛为原料，表面平整丝光，光泽好，手感爽滑，致密而富有弹性。纯羊毛地毯图案优美，色泽鲜艳，富丽堂皇，质地厚实，富有弹性，柔软舒适，经久耐用。但由于做工精细，价格较高，常用于高级会议场所，大型饭店、宾馆、楼梯及大多数公用场所，也可以在家庭中满铺使用（图8－17～图8－19）。

图8－17　纯羊毛地毯一

图8－18　纯羊毛地毯二

（二）纯羊毛无纺织地毯

纯羊毛无纺织地毯是以粗羊毛为原料，采用针刺、针缝、黏合、静电植绒等无纺织成型方法制成，它是近几年发展起来的新品种，具有质地均匀、物美价廉、使用方便等特点。广泛用于宾馆、体育馆、剧院及其他公共场合（见图8－20）。

图8－19　纯羊毛地毯室内装饰效果

图8－20　纯羊毛无纺织地毯室内装饰效果

（三）化纤地毯

化纤地毯以尼龙地毯居多，用尼龙织造的地毯耐久性好，耐拉伸、耐曲折、耐破损性能较好，价格低廉，比较适合铺在走廊、楼梯、客厅等走动频繁的区域。但尼龙地毯容易产生静电，而且不耐热、易燃烧、易污染（见图 8－21）。

图 8－21　化纤地毯室内装饰效果

（四）橡胶地毯

橡胶地毯是以天然或合成橡胶配以各种化工原料，热压硫化成型的卷状地毯。它具有色彩鲜艳、柔软舒适、弹性好、耐水、防滑、易清洗等特点。特别适用于卫生间、浴室、游泳池、车辆及轮船走道等特殊环境。各种绝缘等级的特制橡胶地毯还广泛用于配电室、计算机房等场合（见图 8－22 和图 8－23）。

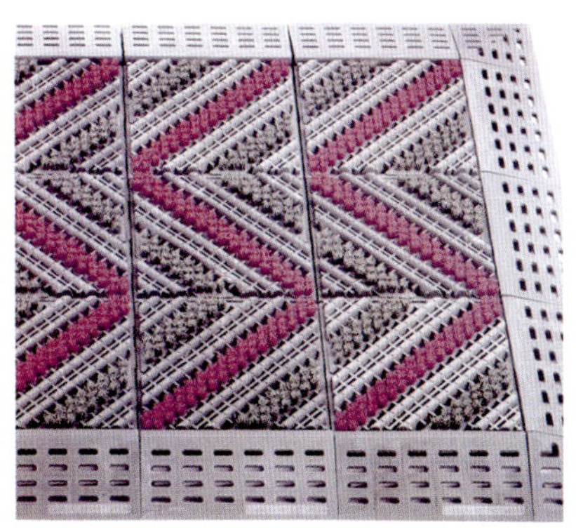
图 8－22　橡胶地毯

图 8－23　橡胶地毯室内效果图

（五）剑麻地毯

剑麻地毯以剑麻纤维为原料，经纺纱、编织、粘接、硫化等工序制成。产品分素色和染色两种，有斜纹、鱼骨纹、帆布平纹、多米诺纹等多种花色。应用于样板房、高档家居、会所、酒店、度假村、水疗馆等场所的地面软装配饰，具有抗压、耐磨、耐酸碱、无静电等优点（见图 8－24～图 8－26）。

图 8－24　剑麻地毯的装饰效果一

图 8－25　剑麻地毯的装饰效果二

三、地毯的基本功能

地毯作为室内陈设不仅具有实用价值，还具有美化环境的功能。地毯防潮、保暖、吸声与柔软舒适的特性，能给室内环境带来安适、温馨的气氛，地毯以其实用性与装饰性的和谐统一的装饰效果，也已步入一般家庭的居室之中（见图8－27）。

图8－26　剑麻地毯

图8－27　地毯运用于居住空间给人温暖舒适的效果

（一）保暖、调节功能

地毯织物大多由保温性能良好的各种纤维织成，大面积地铺垫地毯可以减少室内通过地面散失的热量，阻断地面寒气的侵袭，使人感到温暖舒适。测试表明，在装有暖气的房内铺以地毯后，保暖值将比不铺地毯时增加12%左右（见图8－28）。

地毯织物纤维之间的空隙具有良好的调节空气湿度的功能，当室内湿度较高时，它能吸收水分；室内较干燥时，空隙中的水分又会释放出来，使室内湿度得到一定的调节平衡，令人舒爽怡然（见图8－28）。

（二）吸声功能

地毯的丰厚质地与毛绒簇立的表面具备良好的吸声效果，并能适当降低噪声影响。由于地毯吸收音响后，减少了声音的多次反射，从而改善了听音清晰程度，故室内的收录音机等音响设备，其音乐效果更为丰满悦耳。此外，在室内走动时的脚步声也会消失，减少了周围杂乱的音响干扰，有利于形成一个宁静的居室环境（见图8－29和图8－30）。

图8－28　地毯运用于居住空间的装饰效果

图8－29　地毯运用于公共空间可降低噪声一

（三）舒适功能

人们在硬质地面上行走时，脚掌着力于地以及地面的反作用力，使人有脚感硬并容易疲劳。铺垫地毯后，由于地毯为富有弹性纤维的织物，有丰满、厚实、松软的质地，所以在上面行走时会产生较好的回弹力，令人步履轻快，感觉舒适柔软，有利于消除疲劳和紧张。

地毯质地丰满，外观华美，铺设后地面能显得端庄富丽，获得极好的装饰效果。生硬平板的地面一旦铺了地毯便会满室生辉，令人精神愉悦，给人一种美感的享受。

地毯在室内空间中所占面积较大，决定了居室装饰风格的基调。选用不同花纹、不同色彩的地毯，能造成各具特色的环境气氛。大型厅堂的庄严热烈，休闲会所的宁静优雅，家居房舍的亲切温暖，地毯在这些不同居室气氛的环境中扮演了举足轻重的角色（见图 8 – 31）。

图 8 – 30　地毯运用于公共空间可降低噪声二

图 8 – 31　地毯适用于大型厅堂效果图

第三节　装饰墙布、壁纸

墙布、壁纸是一种应用相当广泛的室内装饰材料，具有色彩多样、图案丰富、豪华气派、安全环保、施工方便、价格适宜等多种其他室内装饰材料所无法比拟的优点，在室内设计中应用十分普遍。壁纸、墙布的花色品种非常丰富，为了适应不同的空间和场所，不同的兴趣和爱好，不同的价格和层次，具有多种类型可供选择（见图 8 – 32 和图 8 – 33）。

图 8 – 32　壁纸

图 8 – 33　壁布

一、装饰墙布的性能要求

（一）平挺性能

墙布织物需平挺而有一定弹性，无收缩率或收缩率较小，尺寸稳定性好，织物边缘整齐平直，不弯曲变形，花纹拼接准确不走样。这些织物本身品质性能的优劣直接影响到裱贴施工的效果。墙布还应具有相当密度与适当厚度，若织物过于稀疏单薄，一些水溶性的黏合剂就可能渗透到织物表面，形成色斑。

（二）粘贴性能

墙布必须具备较好的粘贴性，粘贴后织物表面平整无皱，拼缝齐整，无翘起剥离现象产生。墙布粘贴性除要求足够的黏附牢度，使织物与墙面结合牢固外，还应具有重新施工时易于剥离的性能。因为墙布使用一段时间后需更换新的花色品种，这就要求旧墙布在剥脱时方便，易于清除。

（三）耐污、易于除尘

墙布大面积暴露于空气中，极易积聚灰尘，易受霉变虫蛀等自然污损。为此要求墙布具有较好的防腐耐污性能，能经受空气中细菌、微生物的侵蚀不发霉，纤维有较强的抗污染能力，日常去污除尘需方便易行，一般以软刷子和真空吸尘器应能有效除尘。有些墙布为达到较好的除尘耐污要求，可作拒水、拒油处理，经处理后不易沾尘，也能进行揩擦清洗，但对墙布的保温性能以及织物表面风格有一定影响。

（四）耐光性

墙布虽然装饰于室内，但也经常受到阳光的照射，为了保持织物的牢度和花纹色彩的鲜艳，要求纤维具有较好的耐光性，不易老化变质。染料的稳定性好，长时间照晒后不褪色。

（五）吸声

有些特殊需要的墙布还需具备良好的吸声、阻燃性能。需要纤维材料能吸收声波，使噪声得以衰减；同时利用织物组织结构使墙布表面具有凹凸效应，增强吸声性能。

二、装饰墙布分类

墙布实际上是壁纸的另一种表面形式，同样有着变幻多彩的图案、瑰丽无比的色泽，所不同在于面层材料本身，即布与纸的区别。不过，在柔和的质感上，壁布则比壁纸更真实、更自然。壁布不仅有着与壁纸一样的环保特性，而且更新也很简便，并具有更强的吸声、隔声性能，还可防火、防霉防蛀，也非常耐擦洗（见图 8－34～图 8－36）。墙布分为以下几种：

图 8－34　多彩图案壁布

图 8－35　壁布装饰效果图

（一）棉纺墙布

棉纺墙布是装饰墙布之一。它是将纯棉平布经过前处理、印花、涂层制作而成。这种墙布强度大，静电小，无味，无毒，吸声，花型繁多，色泽美观大方。用于宾馆、饭店等公共建筑及较高级的民用住宅的装修。可在砂浆、混凝土、石膏板、胶合板、纤维板及石棉水泥板等多种基层上使用。

图 8－36 墙布的室内墙面装饰效果

（二）无纺贴墙布

无纺贴墙布是采用棉、麻等天然纤维或涤纶、腈纶等合成纤维，经过无纺成型、上树脂、印花而成的一种新型贴墙材料。这种贴墙布的特点是挺括、有弹性、不易折断、耐老化、对皮肤无刺激作用等，而且色彩鲜艳，粘贴方便，具有一定的透气性和防潮性，能擦洗而不褪色。无纺贴墙布适用于各种建筑物的内墙装饰。尤其适用于高档宾馆及住宅的装修（见图 8－37～图 8－39）。

图 8－37 居室空间墙面运用壁纸，配合温馨的室内色彩，更显舒适

图 8－38 居室空间单调的色彩，搭配花色壁布丰富了空间色彩

图 8－39 居室空间搭配花色壁布可调节室内温度

（三）化纤墙布

化纤墙布是以涤纶、腈纶、丙纶等化纤布为基材，经处理后印花而成。这种墙布具有无毒、无味、透气、防潮、耐磨、无分层等特点。适用于各类建筑的室内装修。

三、装饰壁纸

（一）塑料壁纸

1. 普通塑料壁纸

由于普通塑料壁纸原材料便宜，有各种颜色、花纹、图案，只要按设计者的意图施工，可以达到各种各样的装饰效果。具有吸声、隔热、防菌、防霉、耐水等多种功能。维护保养简便，施工方便，可用普通胶黏剂粘贴。适用于宾馆、饭店、办公大楼、会议室、接待室、计算机房、广播室及家庭卧室等墙面装饰（见图8－40）。

2. 仿真塑料壁纸

仿真塑料壁纸，是以塑料为原料，经技术加工处理，模仿砖、石、竹编物、瓷板及木纹等真材实料的纹样和质感。适用于酒吧、舞厅、茶楼、餐厅等环境（见图8－41）。

图8－40 大型会议室使用壁纸的装饰效果

图8－41 仿真塑料壁纸与中国古典装饰图案的完美结合

（二）纸基壁纸

纸基壁纸是以纸为基层，面层有纸经过套色印刷，压花再与纸基裱贴复合制成，它是最早的壁纸。基底透气性好，能使墙体基层中的水分向外散发，不致引起变色、鼓泡等现象。这种壁纸价格便宜，缺点是性能差、不耐水、不便于清洗、不便于施工，目前较少生产。

纸基壁纸可制成各种色彩图案，仿木纹、竹纹、石纹、瓷砖、布纹、仿丝绸、织锦缎等艺术装饰壁纸。适用于饭店、宾馆、公共建筑室内及民用住宅的内墙、天棚等饰面装饰（见图8－42和图8－43）。

图8－42 居室空间中壁纸的装饰效果

图8－43 公共空间环境中壁纸的装饰效果

（三）金属壁纸

金属壁纸是以纸为基材，再粘贴一层电化铝箔，经过压合，印花而成金属壁纸有光亮的金属质感和反光性，给人们一种金碧辉煌、庄重大方的感觉。

金属壁纸的用途：

金属壁纸无毒、无气味、无静电、耐湿、耐晒、耐用、可擦洗、不褪色，用于高级宾馆、饭店、咖啡厅、舞厅等墙面、柱面和天棚。其特点是表面经过灯光的折射会产生金碧辉煌的效果。

（四）液体壁纸

液体壁纸也称为液态壁纸漆、壁纸漆、墙纸漆或壁纸涂料，是一种全新概念充满艺术性的墙艺漆，填补了墙面涂料、墙面漆和乳胶漆单色无图的缺陷，主要应用于写字楼、宾馆、居住空间的墙面装饰。具有风格各异，质感逼真的装饰效果，是一种新型内墙装饰涂料（图8－44）。

图8－44　液体壁纸影视墙的应用

第四节　壁纸、墙布、地毯的装饰构造

一、裱糊类墙面的装饰构造

（1）基层处理时，必须清理干净、平整、光滑，有防潮要求的应进行防潮处理。

1）混凝土和抹灰基层：墙面清扫干净，将表面裂缝、坑洼不平处用腻子找平，再满刮腻子，打磨平。根据需要决定刮腻子的遍数。

2）木基层：木基层应刨平，无毛刺、无外露钉头。接缝、钉眼用腻子补平。满刮腻子，打磨平整。

3）石膏板基层：石膏板接缝用嵌缝腻子处理，并用接缝带贴牢，表面刮腻子。涂刷底胶，底胶一遍完成，但不能有遗漏。

（2）为防止壁纸、墙布受潮脱落，可涂刷一层防潮涂料。

（3）裱糊前应按壁纸及墙布的品种、花色、规格进行选配。拼花、裁切、编号、裱糊时应按编号顺序粘贴。

（4）墙面应采用整幅裱糊，先垂直面后水平面，先细部后大面，先保证垂直后对花拼缝，垂直面是先上后下，先长墙面后短墙面，水平面是先高后低（见图8－45）。阴角处接缝应搭接，阳角处应包角，不得有接缝（见图8－46）。

（5）聚氯乙烯塑料壁纸裱糊前应先将壁纸用水润湿数分钟，墙面裱糊时应在基层表面涂刷胶黏剂；顶棚裱糊时，基层和壁纸背面均应涂刷胶黏剂。

（6）复合壁纸不得浸水，裱糊前应先在壁纸背面涂刷胶黏剂，放置数分钟。使其膨胀并软化，以保证裱糊效果平整、牢固。裱糊时，基层表面应涂刷胶黏剂。

（7）纺织纤维壁纸不宜在水中浸泡，裱糊前宜用湿布清洁背面。

（8）金属壁纸裱糊前应浸水1～2min，阴干5～8min后在其背面刷胶。刷胶应使用专用的壁纸粉胶（见图 8－47）。

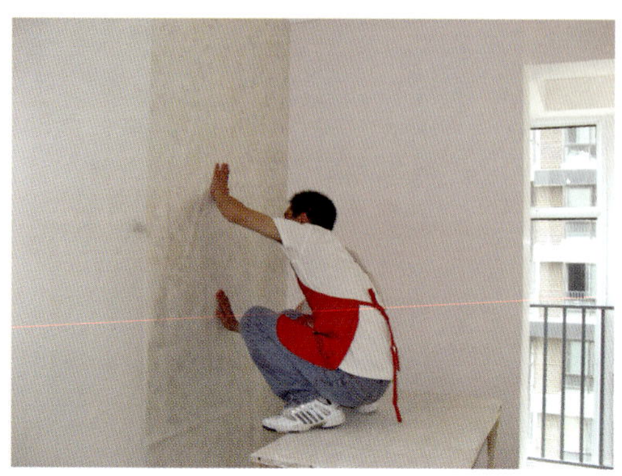
图 8－45　壁纸铺设的方法

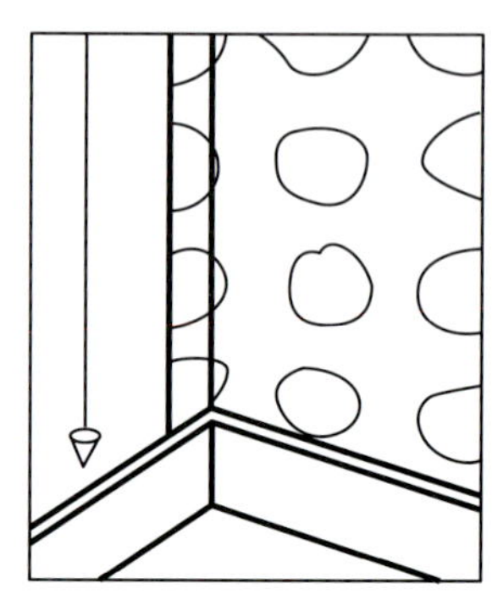
图 8－46　阳角处的铺设示意图

（9）玻璃纤维基材壁纸、无纺墙布无需进行浸润。应选用黏结强度较高的胶黏剂，裱糊前应在基层表面涂胶，墙布背面不涂胶。玻璃纤维墙布裱糊对花时不得横拉斜扯，避免变形脱落。

（10）壁纸粘贴后，赶压壁纸胶黏剂，不能留有气泡，如有气泡，用注射器破口排除空气。挤出的胶要及时清理干净（见图 8－48）。

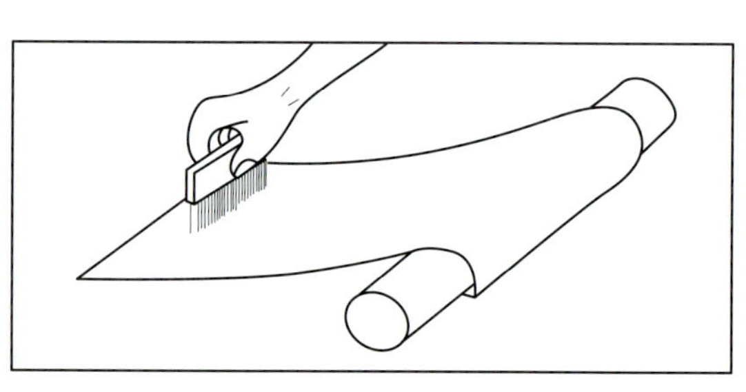
图 8－47　金属壁纸刷胶方法

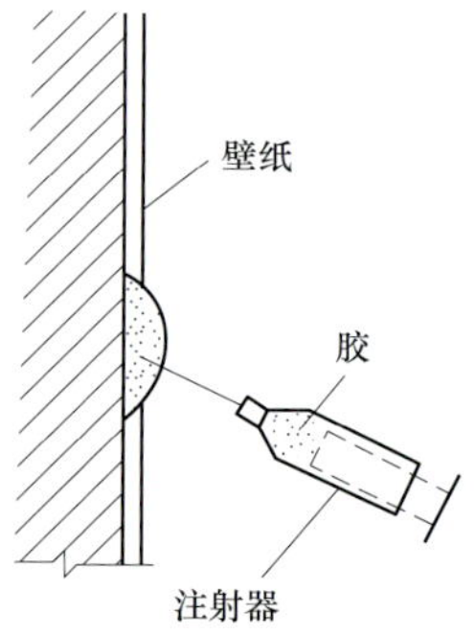

图 8－48　壁纸鼓泡的处理方法

（11）开关、插座等突出墙面的电器盒导型体，裱糊前应先卸去盒盖，待糊裱完之后再行安装（见图 8－49）。

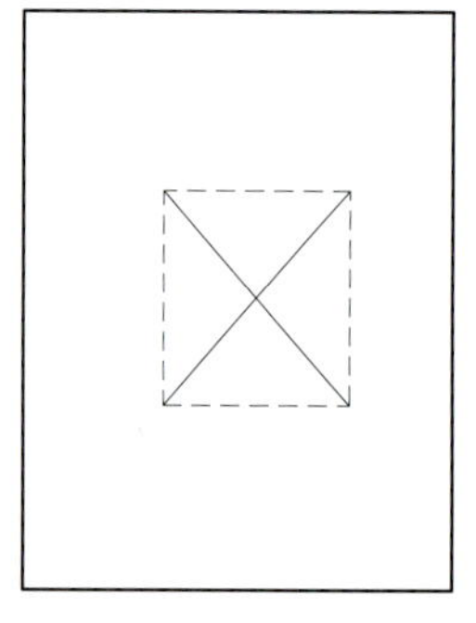

图 8－49　墙上开关、插座操作示意图

二、地毯的装饰构造

按照地毯的构造做法不同，可以分为固定式铺粘和活动式铺粘两种（见图 8－50）。下面主要介绍地毯的操作要点：

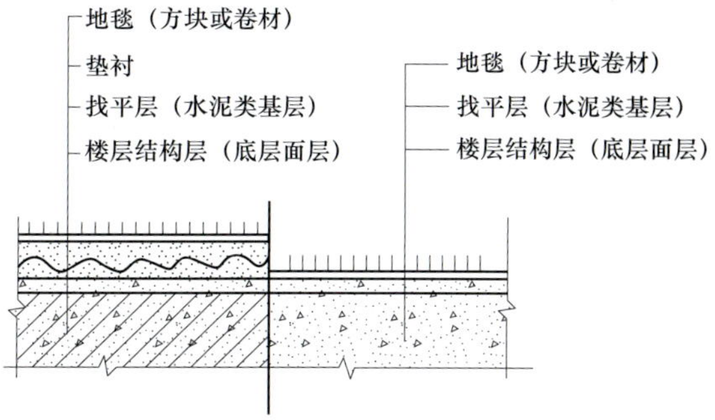

图 8－50　固定式铺粘和活动式铺粘裱糊构造

1. 清理基层

（1）铺设地毯的基层要求具有一定强度。

（2）基层表面必须平整干燥、无凹坑、麻面、裂缝、清洁干净，有油污要用丙酮清除，高低不平处应预先用水泥砂浆填嵌平整。

（3）木地板上铺设地毯，应将钉敲下，突出物铲除，以免损坏地毯。

2. 裁剪地毯

（1）根据房间尺寸和形状，用裁边机从长卷上裁下地毯。

（2）每段地毯的长度要比房间长度长约 20mm。

3. 钉木卡条和门口压条

（1）采用木卡条（倒刺板）固定地毯时，应沿房间四周靠墙脚 10～20mm 处，将卡条固定于基层上。

（2）收边的处理，为了不使地毯被踢起和边缘受损，达到美观、挺直的效果，用铝合金卡条、锑条固定，地毯铺至墙边，除用倒刺板固定外，应用踢脚板对棋手口处理（见图 8－51 和图 8－52）。

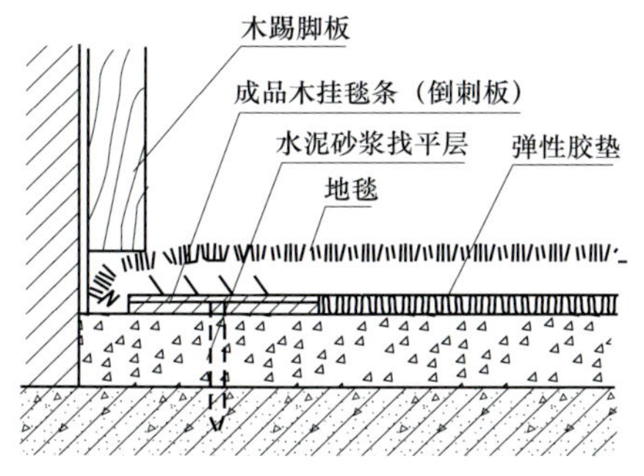

图 8－51　收边口的处理构造图一

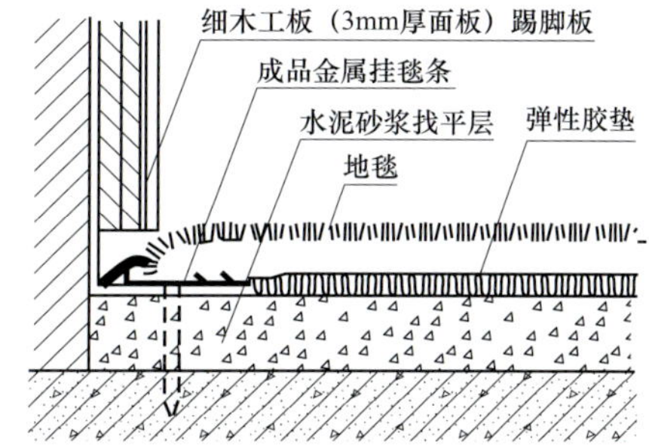

图 8－52　收边口的处理构造图二

（3）卡条和压条可用钉条、螺丝、射钉固定在基层上。

4. 接缝处理

（1）地毯采用背面接缝。将地毯翻过来，接缝两边用针线缝合，然后刷胶，贴上纸。缝线应从紧，针脚不必太密。

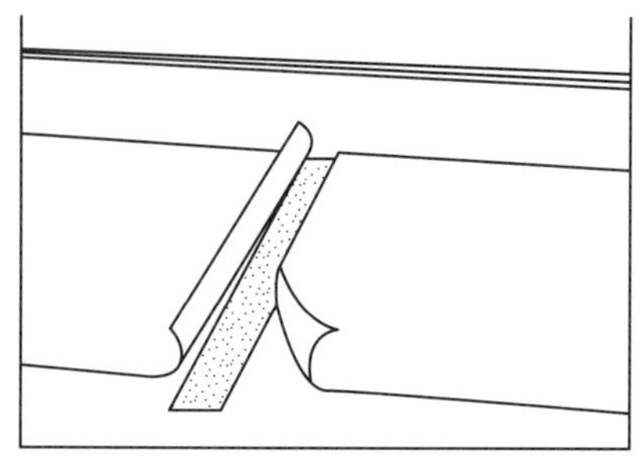

图 8－53　地毯接缝处理方法

（2）也可用胶带接缝的方法。先将胶带按地面上的弹线铺好，两端固定，将两侧地毯的边缘压在胶带上，然后用电熨斗在胶带上面熨烫，使胶质熔解，随着熨斗的移动，用扁铲在接缝处碾压平实，使之牢固地连在一起（见图 8－53）。

（3）不同的材质地面与地毯结合使用时，为防止地毯接缝出现起翘或参差不齐的现象，铺贴时应采用不同的成品挂条、压条做好构造处理（见图 8－54～图 8－57）。

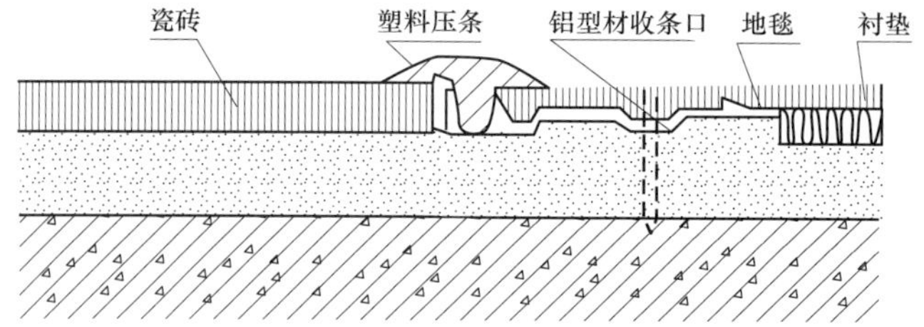

图 8－54　地毯与不同材质拼缝处理构造（瓷砖）

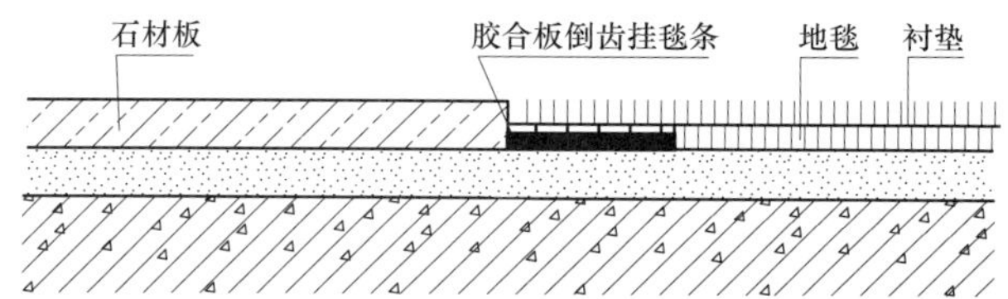

图 8－55　地毯与不同材质拼缝处理构造（石材板）

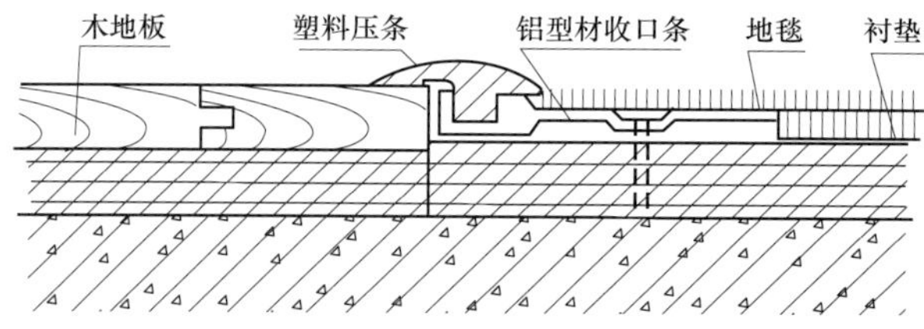

图 8－56　地毯与不同材质拼缝处理构造（木地板）一

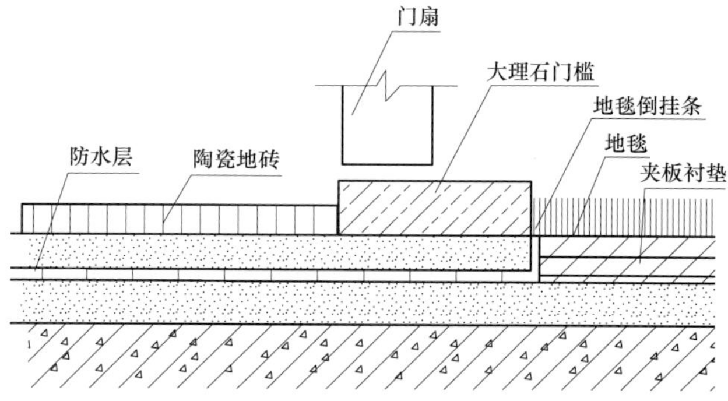

图 8－57　地毯与不同材质拼缝处理构造（木地板）二

5. 铺接方法

（1）用张紧器将地毯在纵横方向逐段推移伸展，使之拉紧，平铺地毯，以保证地毯在使用过程中遇到一定的推力而不隆起。

（2）用张紧器把地毯四周挂在卡条上或铝合金条上固定。

6. 修理清理

地毯完全铺好后，用刀裁去多余部分，并用扁铲将边缘塞入卡条和墙壁之间的缝中用吸尘器吸去灰尘。

第九章

建筑装饰木地板

木地板是天然硬木树种和软木树种经过加工而制成的条形地面装饰材料，具有隔声、保温、防静电、舒适、安装方便等特点。常用的有榉木、柞木、花梨木、水曲柳、楸木、紫檀、柚木、甘巴豆、龙脑香、酸枝木等。

第一节 木地板的基本知识

一、木地板的分类

木地板可分为实木地板、强化木地板、实木复合地板、竹材地板和软木地板。

（一）实木地板

天然木材是实木地板的原料，整块木地板使用原木材料加工而成，由于实木地板选用天然材料，并始终保持其自然本色，不会对人体和环境产生污染，是首选绿色装饰材料（见图9－1）。

（二）实木复合地板

实木复合地板是一种新型装饰材料，是将实木锯切刨切成表面板、芯板和底板单片，再把不同材质的单层板依照纵向—横向—纵向的层次依次排列，用胶水粘贴起来，并在高温下压制成板。实木复合地板可分为三层实木复合地板、多层实木复合地板、细木工复合地板等三大类（见图9－2）。

因实木地板的材源短缺，木地板价格昂贵。实木复合地板的产生满足了人们对于实木材质地面地板的需求。实木复合地板既有实木地板天然纹理、温馨舒适、保温性能好的优点，又避免了实木地板易伸缩变形，翘裂开裂的不足，深受消费者喜爱。

（三）强化木地板

强化木地板是现代科学技术对新型装饰材料的贡献，质轻耐磨、价格便宜、花色繁多、易于安装等优点。它的结构一般分为四层：耐磨层、装饰层、人造板基材、底层（见图9－3）。

（四）竹地板

竹地板是以天然优质竹子为原料，加工而成的装饰材料。竹地板具有文理通顺，色调高雅，自然无污染，尺寸稳定性好，力学强度好，经久耐用等优点。北方气候比较干燥，并不适宜铺用生长于南方的竹子做成的地板。但是竹木地板在制作过程中将置于高温、高湿、高压的环境中进行脱脂、脱水，对空气中湿度的变化已不敏感，因此竹木地板在北方使用是没有问题的。如今竹地板以其幽雅的内在品质和赏心悦目的外观，正逐渐受到百姓的青睐（见图9－4）。

图9－1　实木木地板铺设的空间

图9－2　实木复合地板铺设的楼梯

图9－3　铺设强化木地板的客厅

图9－4　竹木地板

（五）软木地板

软木地板是以栎树（橡树）的树皮为原料，经过粉碎，热压而成板材，再通过机械设备加工而成。具有环保、隔声、防潮、脚感舒适等特点。

软木地板有其特殊的适用场合，如宾馆、图书馆、医院、托儿所、计算机房、播音室、会议室、练功房及有老人和孩子的家庭场合（见图9－5）。

图9－5　软木地板

二、木地板的主要性能

木地板的性能直接影响到地板的使用效果和使用寿命，了解其性能有助于正确地使用木地板。

1. 含水率

木材有干缩湿涨性，因此含水率成为地板最重要的质量指标之一。在南方潮湿的气候下，地板常常由于湿涨出现局部或大面积的隆起。在北方干燥的气候下，则由于干缩而出现接口裂缝或地板的裂纹。因此，地板在施工前的过干过湿都是不适宜的，制造和施工时应考虑当地的平衡含水率并采取一定的防护措施。

2. 表面耐磨性

地板的表面一般都经过涂饰、覆膜等处理，除去木地板的本身材质硬度，表面油漆也是决定木地板质量的一项指标（见图9－6）。

3. 表面耐冲击性

作为地面材料，应当要求一定的表面耐冲击性，以免在使用中当物件掉落地面时形成凹陷。一般地板的材质较硬和表面处理材料韧性较好时，地板的表面耐冲击性较高。

4. 胶合强度和剥离强度

前者针对多层材料复合的复合地板，后者针对浸渍纸饰面或油漆饰面的地板。

5. 甲醛释放量

实木地板属天然木材，也含有微量甲醛，一般对人体不会造成危害。以人造板为基材和以木、竹材料经加工然后胶合而成的地板，由于胶合剂中未参与反应的游离甲醛的存在，会导致使用中甲醛在室内空间的释放而危害人体（见图9－7）。

图9－6　木地板的性能决定其使用寿命

图9－7　绿色环保木地板对人体不会造成伤害

三、地板的外观质量

地板的外观比较易于鉴别，一般如下：

（1）节疤。节疤有死节、活节，死节强度极小，色泽也已发黑，显然是不允许的。活节有时并不影响外观，反而带有花纹的性质，节疤的过多会在地面上显出凌乱的感觉，所以要看节的多少和节的大小。

（2）腐朽。腐朽分内腐和外腐，外腐显然是经不起鉴别的，但内腐往往不易发现，可以通过敲击、试重来估计。内腐的地板敲击声沉闷，重量较轻。

（3）裂纹。有透裂、丝裂、内裂、外裂等。实木地板、人造板地板、复合地板都可能出现这样的缺陷。大的裂纹一般都是不允许的。

（4）虫孔。虫孔直径大或分布多而面积大，自然会影响外观，但直径小而分布均匀，则有一种天然的特殊装饰效果。

（5）色变。陈放、处理和加工的不同会引起地板基材或地板产品的色变。色变一般是局部的，而且色别和色差也不尽一致，这自然影响了外观。如果色变的色别和色差是一致的，则对地板是一种装饰，起到美化外观的作用。

四、地板的保养

（1）保持地板干燥、清洁。不能用滴水的拖把拖地板或用碱水、肥皂水擦地板，以免破坏油漆表面的光泽。

（2）保持房间通风。不可长时间紧闭门窗，以免地板起鼓变形。

（3）尽量避免阳光暴晒，以免表面油漆长期在紫外线的照射下提前老化、开裂。

（4）局部板面不慎染污应及时清除。若有油污，可用抹布蘸温水及少量洗衣粉擦洗，若是药物或颜料，必须在污迹未渗入木质表层以前加以清除。

（5）最好每三个月打一次蜡，打蜡前要将地板表面的污渍清理干净。经常打蜡，可保持地板的光洁度，延长地板的使用寿命。

（6）避免尖锐器物划伤地面，尽量避免拖动沉重的家具。

（7）建议在门口处放置蹬蹭垫，以防进尘料，损伤地板。

第二节　实　木　地　板

实木地板是用天然木材经锯解、干燥后直接加工成不同几何单元的地板，其特点是断面结构为单层，充分保留了木材的天然性质。近些年来，虽然有不同类别的地板大量涌入市场，但实木地板以它不可替代的优良性能稳定地占领着一定的市场份额。

一、实木地板的树种

实木地板由于材料未经结构重组和与其他材料复合加工，对树种的要求相对较高，档次也由树种拉开。一般来说，地板用材以阔叶材为多，档次也较高，针叶材较少，档次也较低。近年由于国家实施天然林保护工程，进口木材作为实木地板原料增多。用作实木地板用材的树种可分为以下三大类：

1. 国产阔叶材

这是应用较多的一类树种，常见的有：榉木、柞木（见图9－8）、花梨木、檀木、楠木、水青冈、水曲柳、麻栎、高山栎、黄锥、红锥、白锥、红青冈、白青冈、槐木、白桦、红桦、枫桦、檫木、榆木、黄杞、槭木、楝木、荷木、白蜡木、红桉、柠檬桉、核桃木、硬合欢、楸木、樟木、椿木等。

2. 进口材

进口木地板用材日渐增多，种类也越来越复杂，大致有如下一些：紫檀、柚木、花梨木、酸枝木、榉木、桃花芯木、甘巴豆、大甘巴豆、龙脑香、木夹豆、乌木、印茄、蚁木、白山榄长、水青冈等。

图9－8　柞木木地板

3. 针叶材

用针叶材做实木地板较少，常用于多层复合地板的芯材。这类树种有：红松、广东松、落叶松、红杉、铁杉、云杉、油杉、水杉等（见图9-9）。

二、实木地板的分类

1. 实木地板按表面加工的深度分类

一类是免漆板，即地板的表面已经涂刷了地板漆，可以直接安装后使用。另一类是无漆素板，即木地板表面没有进行淋漆处理，在铺装后必须经过打磨、涂刷地板漆后才能使用。因此，无漆素板安装比较费时。

2. 实木地板按加工工艺划分

（1）企口实木地板：这类地板在纵向和宽度方向都开有榫槽，榫槽一般都小于或等于板厚的1/3，槽略大于榫。绝大多数背面都开有抗变形槽。企口实木地板是装饰材料中最为常见（见图9-10）。

图9-9 松木木地板

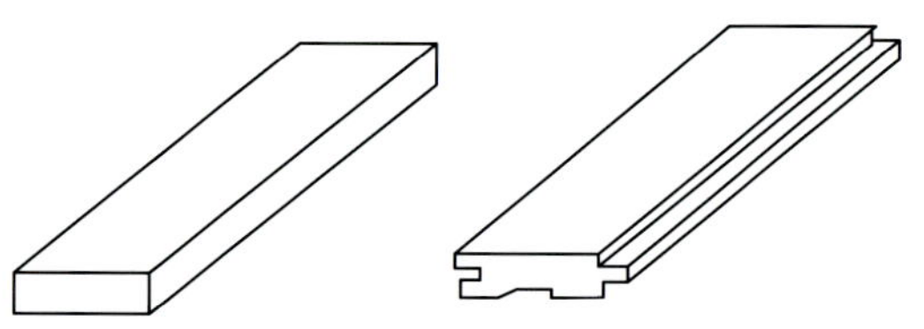

图9-10 平口和企口木地板

图9-11 拼花实木地板

（2）指接地板：由等宽、不等长度的板条通过榫槽结合、黏合而成的地板块，接成以后的结构与企口地板相同。

（3）拼接地板：由等宽小板条拼接起来，再由多片指接材横向拼接，这种地板幅面大、尺寸稳定性好。

（4）拼花实木地板：由小块地板按一定图形拼接而成，其图案有规律性和艺术性。这种地板生产工艺复杂，精密度也较高（见图9-11）。

第三节 复合木地板

复合木地板是当前室内装饰中常见的一种装饰材料，是以中、高密度纤维板为基材的强化木地板或以刨花板为基材的强化木地板。

复合木地板具有质轻、规格统一，便于施工安装，节省工时的特点。还具有强度高，弹性好，脚感舒适，可在除浴室外的任何空间使用，装饰效果温馨、典雅。

复合木地板的优点：

其一，复合木地板的主要原料来自于人工速成林，保护森林资源，避免了实木地板干缩湿胀的弱点，尺寸的稳定性也强于实木地板。其二，复合木地板无需打蜡、抛光等表面处理，保养简单，容易保洁。其三，复合木地板的图案、色彩、品种丰富。其四，复合木地板结构设计合理，安装简便快捷。其五，表面光洁度和耐磨性能远远高于实木地板。

第四节 竹木地板

一、竹木地板的种类

竹木地板有多种分类方法，主要有以下几种：

1. 按质地分类

按质地分有竹质地板、竹木复合地板、人造板地板、软木地板。

2. 按外形结构分类

按外形结构分有条状地板，如长条地板、短条地板；块状拼花地板，如正方形地板、菱形地板、六角形地板、三角形地板；粒状地板，又称木质马赛克；此外还有毯状地板、穿线地板、编制地板等。

3. 按层数分类

按层数分有单层地板、双层地板、多层地板。

二、竹木地板的应用特点

竹木地板有着独特的装饰效果，但也有着一定的缺点，在使用中应当注意。

（1）质感特别。作为地面材料，坚实而富弹性，冬暖而夏凉，自然而高雅，舒适而安全（见图 9－12）。

（2）装饰性好。色泽丰富，纹理美观，装饰形式多样。

（3）物理性能好。有一定硬度但又具一定弹性，绝热绝缘，隔声防潮，不易老化。

（4）干缩湿涨性强，处理与应用不当时易产生开裂变形，保护和维护要求较高。

图 9－12 竹木地板铺设的客厅空间

第五节 木地板的装饰构造

木地板具有自重小、保温隔热性好、有弹性和有一定的耐久性以及易于加工等优点。在装饰中架空式木地板、直铺式木地板最为常用，这里重点介绍其结构。

一、架空式木地板的装饰构造

传统的架空式木地面基层包括地垄墙（或砖墩）、垫木、格栅、剪刀撑及毛地板等几个部分。地龙墙一般采用红砖砌筑。垫木的厚度一般为 50mm。木格栅的作用是固定和承托面层。剪刀撑布置于木格栅之间。现代有一种简易常用架空式木地板构造，适用于普通的居室装修。面层材料选用实木或者复合木地板，基层细木工板或九厘板，垫木为木龙骨，木龙骨兼具为 300～400mm，刷防火涂料和防腐油（见图 9－13）。

二、架空式木地板的铺设

（1）基层清理。对基层空鼓、麻点、掉皮、起砂、高低偏差等部位先进行返修，并把沾在基层上的浮浆、落地灰等用錾子或钢丝刷清理掉，再用扫帚将浮土清扫干净。

（2）安装木龙骨。

1）先在基层上弹出木龙骨的安装位置线（间距不大于400mm或按设计要求）及标高，将龙骨放平、放稳，并找好标高，再用电锤钻孔，用膨胀螺栓、角码固定木龙骨。表面不平可用垫板垫平，也可刨平，或在底部砍削找平，但砍削深度不宜超过10mm，砍削处要刷防火涂料和防腐剂处理。采用垫板找平时垫板要与龙骨钉牢。

2）木龙骨之间还要设置横撑，横撑间距800mm左右，与龙骨垂直相交，用铁钉固定。龙骨与龙骨之间的空隙内，按设计要求填充轻质材料，填充材料不得高出木龙骨上表皮（见图9－14）。

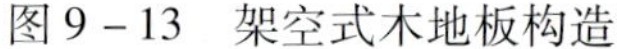

图9－13　架空式木地板构造

图9－14　架空式木地板施工

（3）铺钉毛地板。实木地板有单层和双层两种。单层实木地板是将条形实木地板直接钉牢的木龙骨上，条形板与木龙骨垂直铺设。双层是在木龙骨上先钉一层毛地板（或细木工板、九厘板），再钉实木条板。

（4）铺钉实木地板面层。

1）条板铺钉：单层实木地板，在木龙骨完成后即进行条板铺钉。双层实木地板在毛地板完成后，为防止使用中发生响声和潮气侵蚀，在毛地板（或细木工板、九厘板）上干铺一层防水卷材。板的安装随时拆去，铺钉完之后及时清理干净，对表面不平处，应进行刨光，先垂直木纹方向粗刨一遍，再顺木纹方向细刨一遍。

2）拼花木地板铺钉：拼花实木地板是在毛地板上进行拼花铺钉。铺钉前，应根据设计要求的地板图案进行弹线，一般有正方格形、斜方格形、人字形等。

三、直铺式木地板的装饰构造与施工工艺

直铺式木地板是利用胶或木地板插口，直接将木地板粘贴或固定在地面上。粘贴采用的胶黏剂有石油沥青、聚氨酯、聚醋酸乙烯乳胶等。固定木地板的拼缝形式一般有四种，即企口缝、平头接缝、裁口缝和错口缝。另外，在一些较为高档的做法中，还有板条接缝等做

法。直铺式适合复合木地板、强化木地板的安装（见图 9－15）。

胶黏剂铺贴木地板：铺贴时，先处理好基层，表面应平整、洁净、干燥。在基层表面和拼花木地板背面分别涂刷胶黏剂，其厚度：基层表面控制在 1mm 左右，地板背面控制在 0.5mm 左右，待胶表面稍干后（不粘手时）即可铺贴就位，并用小锤轻敲，使地板与基层粘牢，对溢出的胶黏剂应随时擦净。刚铺贴好的木板面应用重物加压，使之粘贴牢固，防止翘曲、空鼓。

图 9－15　直铺式木地板施工

第十章

建筑装饰塑料

装饰塑料是指用于室内装饰装修工程的各种塑料及其制品。主要是以合成树脂或天然树脂为主要原料，在一定温度、压力下，经混炼、塑化、成型，且在常温下能保持制品形状不变。早在20世纪30年代，世界上就有人开始用塑料来制造建筑小五金产品，如灯头开关、插座等。20世纪50年代以后，随着塑料工业的发展，塑料制品在建筑中的应用越来越广泛，几乎遍及建筑的各个部位。最常见的建筑装饰塑料有塑料地板、铺地卷材、塑料地毯、塑料装饰板、塑料壁纸、塑料门窗型材、塑料管材等。

第一节　塑料的基本知识

一、塑料的组成

塑料是指以合成树脂或天然树脂为主要原料，按一定的比例加入填料、增塑剂、固化剂、着色剂及其他助剂，在一定温度、压力下，经混炼、塑化、成型，且在常温下保持制品形状不变的材料。

二、塑料的特性

（一）优点

1. 物理性能优越

物理性能方面，塑料质轻，强度高，其密度与木材相近。用于装饰装修工程，可以减轻施工强度和降低建筑物的自重，是一种轻质高强材料。塑料的导热系数很小，是理想的绝热材料。另外，一般塑料都是电的不良导体，其电绝缘性可与陶瓷、橡胶媲美。

2. 化学稳定性好

塑料通常具有很高的化学稳定性，对一般的酸、碱、盐及油脂有较强的抵抗作用。特别适合做化工厂的门窗、地面、墙体等。

3. 塑料的加工特性好

可以根据使用要求加工成多种形状的产品，且加工工艺简单，适宜采用机械化大规模生产。通过改变配方、加工工艺，塑料能制成具有各种特殊性能的工程材料。如高强的碳纤维复合材料，隔声、保温复合板材，密封材料，防水材料等。塑料还可以制成透明的制品，也可制成各种颜色的制品，而且色泽美观、耐久，还可用先进的印刷、压花、电镀及烫金技术制成具有各种图案、花型和表面立体感、金属感的制品。

（二）缺点

1. 易老化

塑料制品的老化是指制品在阳光、空气、热及环境介质中如酸、碱、盐等作用下，发生机械性能变坏，甚至发生硬脆、破坏等现象。

2. 易燃

塑料不仅可燃，而且在燃烧时发烟量大，甚至产生有毒气体。但通过改进配方，如加入阻燃剂，无机填料等，也可制成自熄、难燃的甚至不燃的产品。

3. 耐热性差

塑料一般都具有受热变形，甚至产生分解的问题，在使用中要注意其限制温度。

4. 刚度小

塑料是一种黏弹性材料，弹性模量低，只有钢材的1/20～1/10，用作承重结构应慎重。

三、塑料的分类

（一）按使用性能和用途分

塑料按使用性能和用途可分为通用塑料及工程塑料两类。通用塑料指的是一般用途的塑料，其用途广泛、产量大、价格较低，是建筑装饰中应用较多的塑料。工程塑料是指具有较高机械强度和其他特殊性能的聚合物。

（二）按制品形态分

（1）薄膜制品，主要用作壁纸、印刷饰面薄膜、防水材料及隔离层等。

（2）薄板，装饰板材、门面板、铺地板、彩色有机玻璃等。

（3）异型板材，玻璃钢屋面板、内外墙板等。

（4）管材，主要用作给排水管道系统。

（5）异型管材，主要用作塑料门窗及楼梯扶手等。

（6）泡沫塑料，主要用作绝热材料。

（7）模制品，主要用作建筑五金、卫生洁具及管道配件。

（8）复合板材，主要用作墙体、屋面、吊顶材料。

（9）盒子结构，主要由塑料部件及装饰面层组合而成，用作卫生间、厨房或移动式房屋。

（10）溶液或乳液，主要用作胶黏剂、建筑涂料等。

四、塑料制品的加工

不同的热塑性塑料制品，采用不同的成型方式，其工艺与设备均不相同。但在成型前，都需将主要原料与辅助原料进行混炼，使原料均匀混合，制成颗粒、粉状或其他状态，再进行成型；对于热固性塑料制品，一般采用涂覆、浸渍、拌和、热压等的组合成形。

第二节 建筑装饰塑料制品

目前，用于建筑装饰的塑料制品很多，几乎遍及室内装饰的各个部位，最常见的有塑料地板、铺地卷材、塑料地毯、塑料装饰板、塑料墙纸、塑料门窗型材、塑料管材等。

一、塑料地板

塑料地板是以高分子合成树脂为主要材料，加入其他辅助材料，经一定的制作工艺制成的预制块状、卷材状或现场铺涂整体状的地面材料。

（一）特点

塑料地板具有质轻、耐磨、耐油、耐腐蚀、经久耐用、防火、隔声、隔热、色泽艳丽美观、尺寸稳定、回弹性好、脚感舒适、施工方便等优点（见图10－1）。

（二）分类

（1）按所用树脂可分为聚氯乙烯塑料地板、聚丙烯树脂塑料地板和氯化聚乙烯树脂塑料地板三大类。目前，绝大部分塑料地板属于第一类。

（2）按生产工艺可分为压延法、热压法和注射法。我国塑料地板的生产大部分采用压延法。

（3）按材料可分为硬质、半硬质片材和软质的卷材。

（4）按外形可分为块材地板和卷材地板。

（三）结构

塑料地板的结构一般为3～4层复合而成。图10－2所示为PVC印花发泡卷材地板的结构。塑料地板可用于要求较高的民用住宅地面和公共建筑的室内地面装铺。

图10－1　塑料地板效果

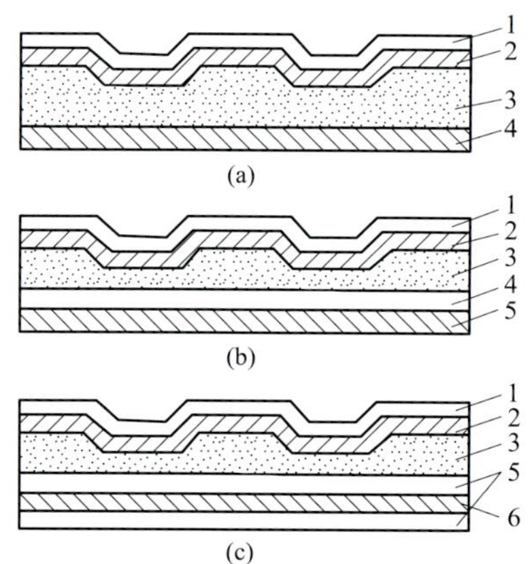

图10－2　PVC印花发泡卷材地板结构

1—PVC透明层；2—印刷油墨；3—发泡PVC层；4—底层；5—PVC打底层；6—玻璃纤维

（四）PVC塑料地板

1. 原料

PVC塑料地板的原料与普通塑料相同，除树脂外还需加入其他辅助原料如增塑剂、稳定剂、填料等。不过，塑料地板中加入的填料较多，因为它在使用过程中很少受拉力、剪力、撕力等作用，主要受压力和摩擦两种作用。一方面它能降低制品成本，另一方面可提高制品的尺寸稳定性、耐热耐燃性。常用的填料是碳酸钙和石棉，也可用其他填料如重晶石、滑石粉、陶土等。

2. 常见 PVC 塑料地板的种类

（1）PVC 石棉地砖。PVC 石棉地砖是生产最早、使用最普遍的塑性地板材料，由 PVC 塑料或 PVC 与氯醋共聚树脂混合料加石棉与碳酸钙填料制成。它采用热压法或压延法生产，尺寸一般为 303mm×303mm，厚度为 2mm，外形有方形、三角形和梯形等。PVC 石棉地砖的特点有易清扫、耐磨、易施工、成本低、耐燃性好、表面耐烟头性好（踩灭烟头未破坏其表面），应用比较广泛。

（2）PVC 地砖。PVC 地砖是只加碳酸钙填料不加石棉而生产的地砖。因为未加石棉，采用了特殊的技术来保证尺寸稳定性及其他性能，所以仍能达到 PVC 石棉地砖的标准。PVC 地砖生产工艺与 PVC 石棉地砖基本相同。我国目前生产的大多是不含石棉的 PVC 地砖。

（3）压花印花 PVC 地砖。PVC 地砖一般是素色的，或仅以拉花处理。可在压延机后设压花印花装置。生产的图案可以是无规则的，也可以是有规则的。图案是在压花时印上去的，在使用中不易磨损。

（4）碎粒花纹地砖。碎粒花纹地砖是一种花纹透底型地砖，花纹不会因磨损而消失。它生产所用的原料与 PVC 石棉地砖相同，但工艺不同。首先将原料辊炼后破碎成不成规则形状的各色碎粒，将不同颜色的碎粒混合，然后将混合料压延成片，进行上蜡、抛光后冲切成地砖。

（5）PVC 软质卷材地板。PVC 软质卷材地板一般用压延法生产。与 PVC 地砖相比，填料较少，增塑剂较多。一般采用四辊压延机厂塑化的 PVC，经压延后表面平整光洁，冷却后切边卷取即为产品。PVC 软质卷材地板材质较软，有一定弹性，脚感舒适，但表面耐烟头性不及 PVC 地砖。

（五）塑料地板的选用

地板选择应遵循的原则：

（1）对重要建筑物，可选择档次较高经久耐用的硬质、半硬质多层复合地板；

（2）对一般建筑物及民用住宅，可选用半硬质或软质的地板卷板；

（3）对有特殊要求的办公用房如计算机房、控制车间，需要注意避免静电对仪表的干扰，可选用抗静电塑料地板；

（4）对要求空气净化的防尘车间，应选用防尘塑料地板等。

综上所述，地板品种及图案花色的选择，要与建筑物的整体建筑设计相协调适用，要做到既经久耐用，又对建筑物产生恰如其分的装饰效果。

（六）塑料地板的保养

（1）新铺贴的塑料地面 24 小时内不得上人走动，7～10 天内应保持室内温度和湿度的稳定，通风，防止温度剧烈变化和过堂风劲吹。

（2）定期打蜡。一般 1～2 个月打蜡一次。

（3）避免大量的水（拖地水）特别是热水、碱水与塑料地面接触。

（4）尖锐的金属工具如炊具、刀、剪等应避免跌落在塑料地板上，以免损坏其表面。

（5）塑料地板上沾污的墨水、食品、油腻等，应先擦去脏物，然后用稀的肥皂水擦洗痕迹，如仍洗不干净，可用少量溶剂（汽油）轻轻擦拭，直至痕迹消失为止。

（6）不要在塑料地板上放置60℃以上的热物及踩灭烟头，以免引起地板变形和焦痕。

（7）在静荷载集中部位，如家具脚，最好垫一些面积大于家具脚1～2倍的垫块。

（8）在受到阳光照射的地方，可能会出现局部褪色，最好加上窗帘遮阳。

（9）严重损坏的塑料地板应及时更换，最好备用少量的塑料地板，以免更换的塑料地板与原来的颜色不一致。

二、塑料壁纸

塑料壁纸是以纸为基材，以聚氯乙烯塑料为面层，经过压延、涂布以及印刷、轧花、发泡等工艺而制成的，通过胶黏剂贴于墙面或天花板上的一种饰面材料，也称聚氯乙烯壁纸（见图10－3）。塑料壁纸具有一定的伸缩性和耐裂强度，可制成各种图案的立体花纹，富有质感和艺术感。另外，具有施工简单、方便，易于粘贴，易于更换，表面不吸水等特点。

图10－3　壁纸效果

（一）原料

1. 基本原料

塑料墙纸的基本原料是树脂及其他辅助原料。树脂主要为PVC，为便于加工，一般用低分子量PVC；辅助原料如在制作发泡墙纸时需加入发泡剂。

2. 底纸

底纸的要求是能耐热、不卷曲，有一定强度，一般为80～100g/m^{2}的纸张。

（二）生产工艺

塑料墙纸的生产工艺一般分为两步。

第一步，在底层纸（或布）上复合一层塑料。复合的方法有四种：第一种是用压延法使压延薄膜与底纸在压延机后直接加压复合；第二种是涂布法，乳液涂布（如氯醋乳液）或PVC糊；第三种是间接复合，即用复合机复合；第四种是挤出复合，指的是使底纸从平板机头挤出的薄膜复合。其中最常用的是压延法和涂布法。

第二步，对复合好的墙纸半成品进行表面加工，包括印花、压花、印花压花、发泡压花等。

（三）优点

1. 装饰效果好

由于塑料墙纸表面可进行印花、压花及发泡处理，能仿天然石纹、木纹及锦缎，达到以假乱真的地步，并通过精心设计，印制适合各种环境的花纹图案，几乎不受限制。色彩也可任意调配。

2. 性能优越

可根据需要，加工成具有难燃隔热、吸声、防霉、不易结露、不怕水洗，不易受机械损伤的产品。

3. 粘贴施工方便

纸基的塑料墙纸，可用普通107胶黏剂或乳白胶即可粘贴，透气性好。

4. 使用寿命长、易维修保养

塑料墙纸表面可擦洗，对酸碱有较强的抵抗能力。

（四）常用塑料壁纸

1. 普通壁纸

普通壁纸是以 80～100g/m^2 的纸作基材，涂塑 100g/m^2 左右的聚氯乙烯糊，经印花、压花等工序而成。它分为单色压花壁纸、印花压花壁纸和有光、平光印花壁纸。花色品种多，适用面广，价格较低，是民用住宅和公共建筑墙面装饰应用最普遍的一种壁纸。

2. 发泡壁纸

发泡壁纸是以 100g/m^2 的纸作基材，涂塑 300～100g/m^2 掺有发泡剂的 PVC 糊，印花后再加热发泡而制成的。这类壁纸有高发泡印花、低发泡印花、低发泡印花压花等几个品种。

高发泡壁纸的发泡倍数大，表面呈富有弹性的凹凸花纹，是一种装饰兼吸声的多功能墙纸，常用于歌剧院、会议室住房的天花板装饰。低发泡印花壁纸是在掺有适量发泡剂的 PVC 糊涂层的表面印有图案或花纹，图案逼真，立体感强，装饰效果好，并有一定的弹性，适用于室内墙裙客厅和内走廊装饰（见图 10－4）。

图 10－4　壁纸的凹凸效果

3. 特种壁纸

特种壁纸是指具有耐水、防火和特殊装饰效果的壁纸品种。

耐水壁纸是用玻璃纤维毡作基材，在 PVC 涂塑材料中配以具有耐水性的胶黏剂，以适应卫生间、浴室等墙面的装饰要求。

防火墙纸是用 100～200g/m^2 的石棉纸作基材，并在 PVC 涂塑材料中掺有阻燃剂，使墙纸具有一定的阻燃防火功能，适用于防火要求很高的建筑。

具有特殊装饰效果的彩色砂粒壁纸，是在基材上散布彩色砂粒，再涂黏结剂，使表面呈砂粘毛面，可用于门厅、柱头、走廊等局部装饰。

（五）塑料壁纸的规格

（1）幅宽 530～600mm，长 10～12m，每卷为 5～6m^2 的窄幅小卷。

（2）幅宽 760～900mm，长 25～50m，每卷为 20～45m^2 的中幅中卷。

（3）幅宽 920～1200mm，长 50m，每卷 46～90m^2 的宽幅大卷。

小卷壁纸是生产最多的一种规格，它施工方便，选购数量和花色灵活，比较适合民用，一般用户可自行粘贴。中卷、大卷粘贴工效高，接缝少，适合公共建筑，由专业人员粘贴。

三、塑料门窗

塑料门窗主要是采用 PVC 树脂为胶结料，加上按一定比例的稳定剂、填充剂、改性剂、紫外线吸收剂等，经混炼、挤出、冷却定型成异型材后，再通过切割、焊接组装而成。

（一）分类

塑料门窗的种类很多，按结构形式分为单玻、双玻和三玻门窗；按开启方式分为平开门、平开窗、推拉门、固定门和旋窗等；按颜色分为单色、双色门窗。此外还分有带纱扇门窗和

1. 铝塑板分类

铝塑板品种比较多，而且是一种新型材料，因此至今还没有统一的分类方法，通常按用途、产品功能和表面装饰效果进行分类。

（1）按用途分类。

1）建筑幕墙用铝塑板。其上、下铝板的最小厚度不小于0.50mm，总厚度应不小于4mm。铝材材质应符合GB/T 3880的要求，一般要采用3000、5000等系列的铝合金板材，涂层应采用氟碳树脂涂层。

2）外墙装饰与广告用铝塑板。上、下铝板采用厚度不小于0.20mm的防锈铝，总厚度应不小于4mm。涂层一般采用氟碳涂层或聚酯涂层。

3）室内用铝塑板。上、下铝板一般采用厚度为0.20mm，最小厚度不小于0.10mm的铝板，总厚度一般为3mm。涂层采用聚酯涂层或丙烯酸涂层。

（2）按产品功能分类。

1）防火板：选用阻燃芯材，产品燃烧性能达到难燃级（B1级）或不燃级（A级）；同时其他性能指标也须符合铝塑板的技术指标要求。

2）抗菌防霉铝塑板：将具有抗菌、杀菌作用的涂料涂覆在铝塑板上，使其具有控制微生物活动繁殖和最终杀灭细菌的作用。

3）抗静电铝塑板：抗静电铝塑板采用抗静电涂料涂覆铝塑板，比普通铝塑板表面电阻率小，不易产生静电，空气中尘埃也不易附着在其表面。

（3）按表面装饰效果分类。

1）涂层装饰铝塑板：在铝板表面涂覆各种装饰性涂层。普遍采用的有氟碳、聚酯、丙烯酸涂层，主要包括金属色、素色、珠光色、荧光色等颜色，具有装饰性作用，是市面最常见的品种（见图10－8）。

图10－8　铝塑板色卡

2）氧化着色铝塑板：采用阳极氧化及时处理铝合金面板拥有玫瑰红、古铜色等别致的颜色，起到特殊的装饰效果。

3）贴膜装饰复合板：是将彩纹膜按设定的工艺条件，依靠黏合剂的作用，使彩纹膜黏合剂在涂有底漆的铝板上或直接贴在经脱脂处理的铝板上。主要品种有岗纹、木纹板等。

4）彩色印花铝塑板：将不同的图案通过先进的计算机照排印刷技术，将彩色油墨在转印纸上印刷出各种仿天然花纹，然后通过热转印技术间接在铝塑板上复制出各种仿天然花纹。可以满足设计师的创意和业主的个性化选择。

5）拉丝铝塑板：采用表面经拉丝处理的

铝合金面板，常见的是金拉丝和银拉丝产品，给人带来不同的视觉感受。

6）镜面铝塑板：铝合金面板表面经磨光处理，宛如镜面。

2. 铝塑板性能

（1）超强剥离度。铝塑板采用了新工艺，将铝塑复合板最关键的技术指标－剥离强度，提高到了极佳状态，使铝塑复合板的平整度、耐候性方面的性能都相应提高。

（2）材质轻易加工。铝塑板每平方米的重量仅3.5～5.5kg，故可减轻震灾所造成的危害，且易于搬运，其优越的施工性只需简单的木工工具即可完成切割、裁剪、刨边、弯曲成弧形、直角的各种造型，可配合设计人员，做出各种的变化，安装简便、快捷减少了施工成本。

（3）防火性能卓越。铝塑板中间是阻燃的物质PE塑料芯材，两面是极难燃烧的铝层，因此安全防火。

（4）耐冲击性。韧性高、弯曲不损面漆，抗冲击力强，在风沙较大的地区也不会出现破损。

（5）超耐候性。无论在炎热的阳光下或严寒的风雪中都无损于漂亮的外观，可达20年不褪色。

（6）涂层均匀彩色多样。让您选择空间更大，尽显您的个性化。

（7）易保养。铝塑板几年后只需用中性的清洗剂和清水即可，清洗后使板材永久如新。

3. 铝塑板的用途

大楼外墙、帷幕墙板；旧的大楼外墙改装和翻新；阳台、设备单元、室内隔间；面板、标识板、展示台架；内墙装饰面板、天花板、广告招牌；工业用材、保冷车的车体（见图10－9和图10－10）。

图10－9 铝塑板室外施工

图10－10 铝塑板室外效果

（四）聚碳酸酯（PC）板

聚碳酸酯板是以聚碳酸酯塑料为基材，采用挤出成型工艺制成的栅格状中空结构异型断面板材，其结构如图10－11所示。常用的板面规格为5800mm×1210mm，厚度有6、8、10mm和16mm等不同规格。

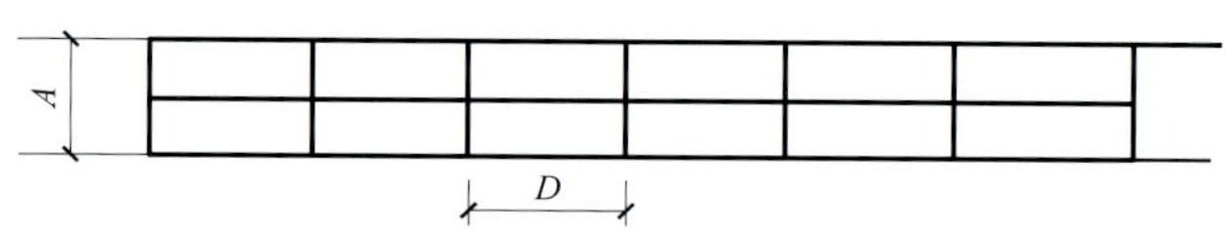

图 10－11　聚碳酸酯（PC）板结构

聚碳酸酯采光板的特点为轻、薄、刚性大、不易变形；良好的耐水性和耐湿性；透光性好，耐候性好；隔热、保温、阻燃性好；色调多，外观美观，极富装饰性，且不易褪色。适用于采光顶棚、室内游泳池天幕、高速公路等的隔声屏障、银行防盗柜台、警用防暴盾牌等。

第三节　常用装饰塑料的构造

一、墙纸裱糊构造

（1）基层处理：基层处理是直接影响墙面装饰效果的关键，应认真做好处理工作。清扫墙面，满刮腻子，用砂纸打磨光滑（见图 10－12）。

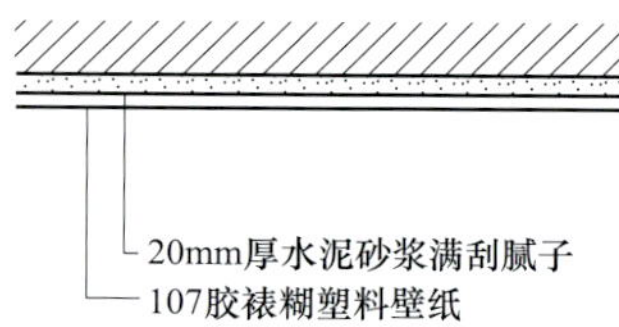

图 10－12　塑料壁纸墙面

（2）墙面划垂线、分块弹线：裱糊壁纸，纸幅必须垂直才能使花纹、图案纵横连贯一致。一般从进门左阴角处开始铺贴第一张。

（3）壁纸及基层涂刷胶黏剂：根据实际尺寸，统筹规划裁纸，纸幅应编号，按顺序粘贴。一般采用 107 胶做黏结剂（见图 10－13）。

（4）裱糊：壁纸可采取纸面对折上墙，接缝为对缝和搭缝两种形式。一般墙面采用对缝，阴、阳角处采用搭缝处理（见图 10－14）。

图 10－13　塑料壁纸刷胶黏剂

图 10－14　塑料壁纸对缝及张贴

（5）擦净挤出的胶、清理修整：多余的胶黏剂、则顺刮板操作方向挤出纸边，用湿毛巾（软布）抹净，以保持整洁。

二、铝塑板饰面构造

铝塑板是两面均很薄的铝板，中间层为塑料的复合板材。铝塑板的墙柱面构造，与各种饰面板构造相似，都是在木材或金属骨架上以多层胶合板或密度板作为衬板找平，然后在衬板上固定铝塑板（见图10－15）。

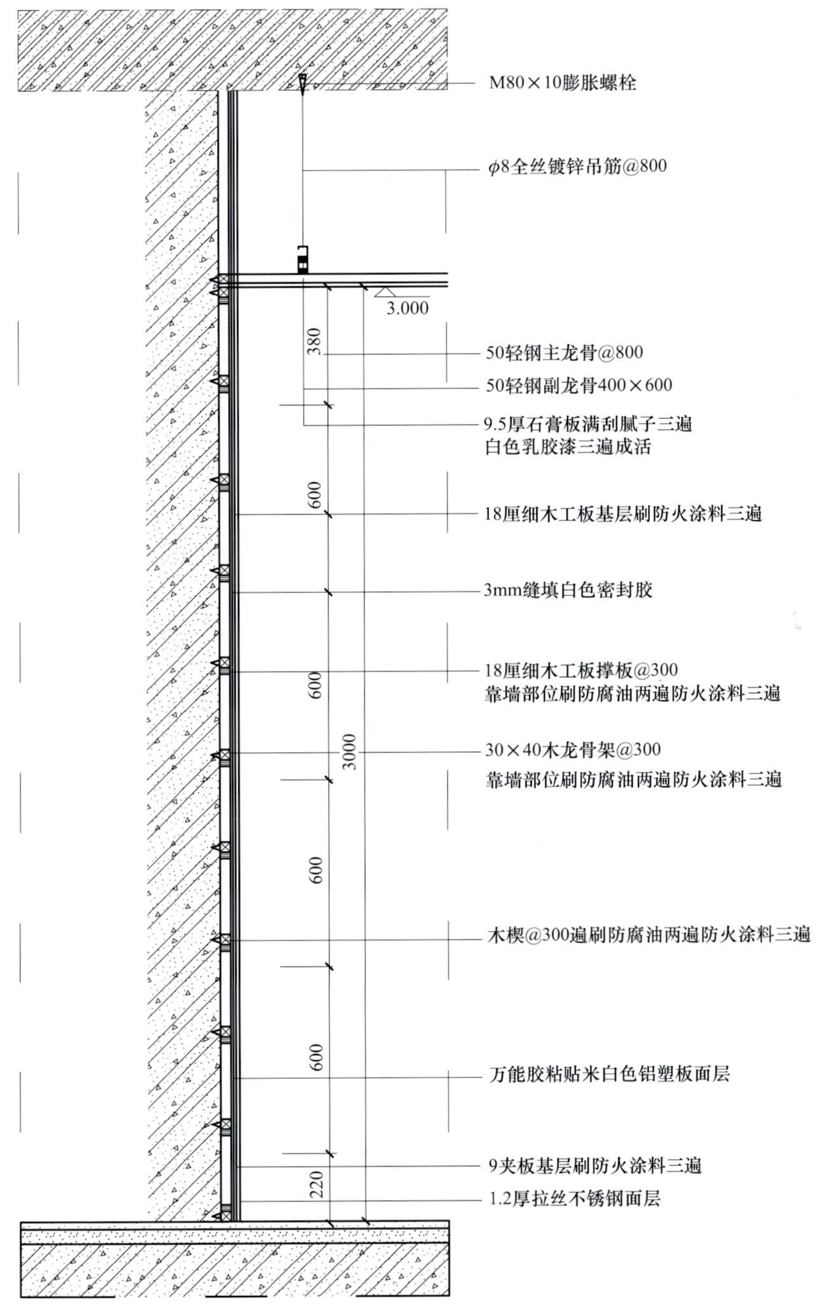

图10－15 铝塑板面层施工图（单位：mm）

铝塑板的安装一般要根据设计要求，裁成需要的形状，用万能胶贴在事先封好的底板上，可以根据设计要求留出适当的胶缝。胶黏剂粘贴时，涂胶应均匀；粘贴时，应采用临时固定措施，并应及时擦去挤出的胶液；在打封闭胶时，应先用美纹纸带将饰面板保护好，待胶打好后，撕去美纹纸带，清理板面。

铝塑板的收口处理：

（1）转角处收口处理：用螺栓把一条1.5mm厚的直角形的铝板与外墙板连接。直角形铝板与表面的颜色应同外墙板。

（2）窗台、女儿墙上部收口处理：窗台、女儿墙的上部是水平构造的压顶处理，可采用铝板盖住压顶，固定水平盖板，一般在基层先固定钢骨架，然后将盖板用螺栓固定在骨架上。

（3）墙面边缘部位收口处理：可用铝成型板，将墙板端部龙骨部位封住。

（4）墙面下端收口处理：用封口板将外墙板与墙体之间的间隙全部封住，并应封口板做成滴水坡度。

三、塑料地板装饰构造

1. 施工器具（见图10－16）

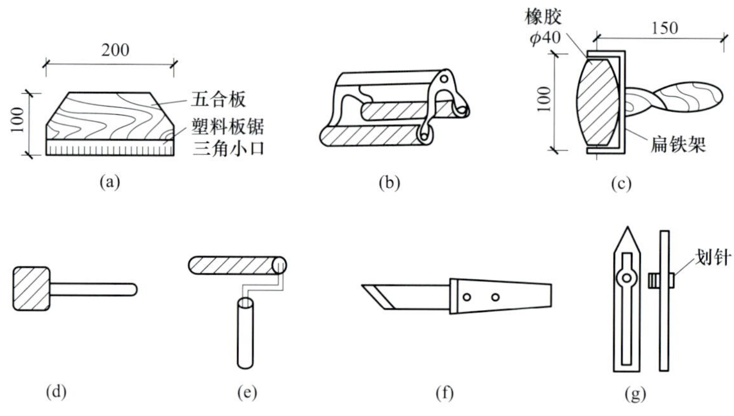

图10－16　塑料地板铺贴常用工具（单位：mm）
（a）梳形刮板；（b）橡胶双辊筒；（c）橡胶单辊筒；（d）橡胶锤；
（e）橡胶压边辊筒；（f）裁切刀；（g）划线器

2. 施工步骤

（1）弹线分格：按照塑料地板的尺寸、颜色、图案进行弹线分格，作为塑料地板粘贴施工的依据。其铺贴方式一般有两种：一种是接缝与墙面成45°，即对角定位法；另一种是接缝与墙面平行，称为直角定位法。弹线一般以房间中心点为中心，弹出两条互相垂直的定位线。

（2）基层处理：将基层清扫干净并涂刷一层薄而匀的底子胶。要求均匀一致，越薄越好，不能漏刷。

（3）铺贴：切忌整张一次贴上，应先将边角对齐黏合，轻轻地用橡胶辊筒将地板平伏地粘贴在地面上，在准确就位后，用橡胶辊筒压实将气体赶出，或用锤子轻轻敲实。铺贴到墙面时，可能会出现非整块地板，应准确测量现场裁割，继续按上述方法铺贴（见图 10－17）。

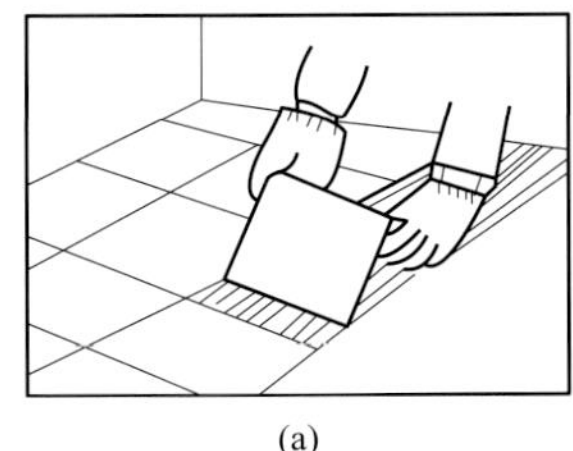
(a)

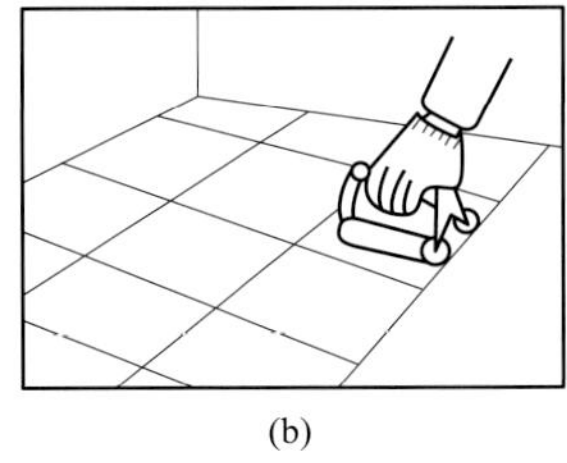
(b)

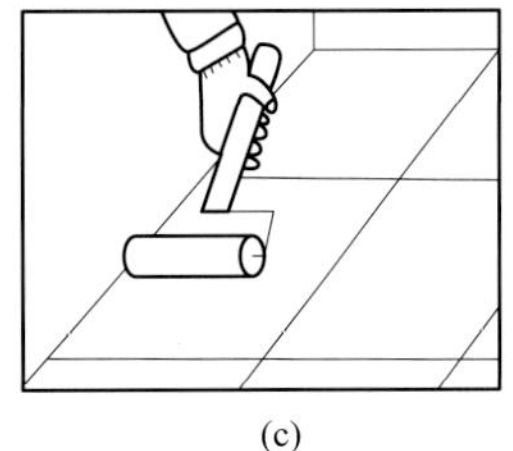
(c)

图 10－17　铺贴及压实示意图

（a）地板一端对齐黏合；（b）用橡胶辊筒赶压气泡；（c）压实

第十一章

建筑装饰胶黏剂

第一节 胶黏剂的组成与分类

胶黏剂一般多为有机合成材料，通常是由黏结料、固化剂、增塑剂、稀释剂及填充剂等原料经配制而成。特别适用于不同材质、不同厚度、超薄规格和复杂构件的连接。胶黏剂近代发展很快，应用行业极广，对高新科学技术进步和人民日常生活改善有重大影响。

一、组成

（一）黏结料

黏结料也称黏结物质，通常是由一种或几种高聚物混合而成，是胶黏剂的主要成分，主要作用是黏结两种物件。胶黏剂黏结性能主要取决于黏结物质的特性，如胶结强度、耐热性、韧性、耐介质性等。一般建筑工程中常用的黏结物质有热固性树脂、热塑性树脂、合成橡胶类等（见图 11－1、图 11－2）。

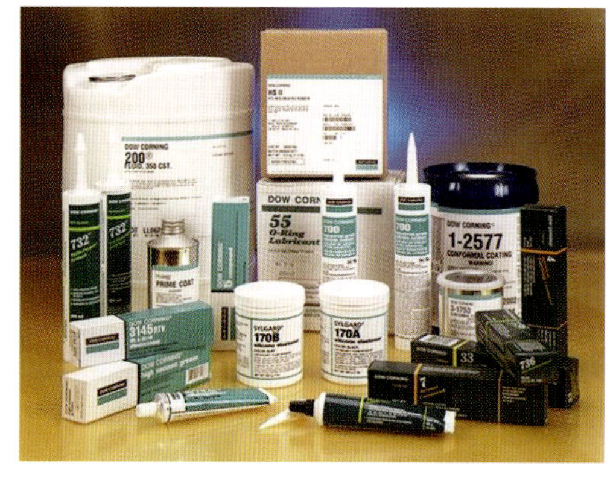

图 11－1 胶黏剂的种类

图 11－2 胶黏剂

（二）固化剂

固化剂是促使黏结料进行固化反应而产生胶结强度的一种物质，常用的有胺类或酸酐类固化剂等。

（三）增塑剂

增塑剂也称增韧剂，它主要是可以改善胶黏剂的韧性，提高胶结接头的抗剥离、抗冲击能力以及耐寒性等。

（四）稀释剂

稀释剂也称溶剂，主要对胶黏剂起稀释分散、降低黏度、改善工艺性能的作用，并能增加胶黏剂与被粘物的浸润能力，以及延长胶黏剂的使用寿命（见图 11－3）。

图 11－3　稀释剂

（五）填充剂

填充剂也称填料，一般在胶黏剂中不与其他组分发生化学反应。其作用是降低成本，减小膨胀系数，减少收缩性，增加胶黏剂的导热性，提高胶结层的抗冲击韧性和机械强度，调节黏度等。

常用的填充剂有金属及金属氧化物的粉末，玻璃、石棉纤维制品以及其他植物纤维等，如玻璃粉、石英粉、滑石粉及金刚砂等无机材料。

二、分类

（一）溶液

特点：大部分胶黏剂属这一类型。主要成分是树脂或橡胶，在适当的有机溶剂或水中溶解成为黏稠的溶液，如干燥快、初期黏合力就大。如酚醛树脂、密胺树脂、脲醛、环氧聚丙烯酸双酯。

（二）乳液或乳胶

是水分散型，树脂在水中分散称为乳液，橡胶的分散称为乳胶。如聚醋酸乙烯、聚丙烯酸酯、环氧树脂。

（三）膏糊

高度不挥发的，具有间隙充填性的，高黏稠的胶黏剂。主要用于密封、腻子、填隙，封印材料都属这一类型。如丙烯醋酯、聚氯酯、醋酸乙烯酯。

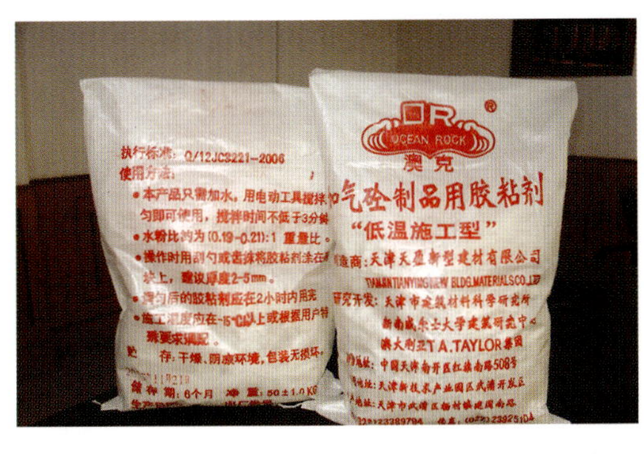

图 11－4　粉末状胶黏剂

（四）粉末

主要属于水性胶黏剂，使用前先加溶剂（主要是水），调成糊状或液状。如聚醋酸乙烯、聚丙烯酸酯、淀粉（见图 11－4）。

（五）膜状

以纸、布、玻璃纤维等为基材，涂敷或吸附胶黏剂后干燥成薄膜状使用，或者直接以胶黏剂与基材形成薄膜材料，有高的耐热性和黏合强度，主要用于结构件。如：酚醛—聚乙烯醇缩醛、环氧—聚酰胺、尼龙—环氧。

第二节　常用胶黏剂的品种

一、墙纸、墙布用胶黏剂

这类胶黏剂主要用于墙纸、墙布的裱糊，它的形态有液状的，也有粉末状的。

（1）聚乙烯醇胶黏剂，在胶合板、水泥砂浆、玻璃等材料表面涂刷。

（2）聚醋酸乙烯胶黏剂又称“白乳胶”，可作为墙纸、墙布、防水涂料和木材的胶接材料，也可作为水泥砂浆的增强剂、墙纸专用胶粉，用于各类基层的墙纸及墙布的粘贴。

二、塑料地板胶黏剂

塑料地板胶黏剂属非结构型胶黏剂，具有一定的粘接力，能将塑料地板牢固的粘接在各类基层上，施工方便。它对塑料地板无溶解或溶胀作用，能保证塑料地板粘接后的平整程度，并有一定的耐热性、耐水性和储存稳定性。常用的塑料地板胶黏剂有聚醋酸乙烯类、合成橡胶类、聚氨酯类、环氧树脂类等。

（1）聚醋酸乙烯类胶黏剂，用于聚氨乙烯地板、木制地板与水泥地面的粘接。

（2）合成橡胶类适用于半硬质、硬质和软质的 PVC 塑料地板与水泥地面的粘接，也适用于硬木拼花地板与水泥地面的粘贴。有些种类也常用于水泥墙面上粘接橡胶、塑料制品、塑料地板和软木板等。

（3）聚氨酯类，用于有防水耐酸碱要求的粘接部位。

（4）环氧树脂类，适合于硬质塑料、金属、玻璃、陶瓷等的粘接，特别适用于经常受潮和地下水位较高的场所，或者适用于各种塑料、金属、橡胶、陶瓷等材料的粘接。

三、专用胶粘剂

（1）瓷砖、大理石胶黏剂，适用于大理石、花岗岩、马赛克、面砖等与水泥基层的粘接。

（2）玻璃胶，适用于玻璃门窗、橱窗、木墙等粘接，以及其他防水、防潮场所材料的粘接。

（3）塑料薄膜胶黏剂，适用于 PVC 塑料薄膜与印刷纸的粘接，PVC 与聚氨酯泡沫塑料的粘接等。

（4）竹木类专用胶黏剂，广泛用于木材、竹材、胶合板及其他木质材料的胶接。

第三节　影响胶结强度的因素及工艺要求

一、影响胶结强度的主要因素

评定胶结强度的有拉伸剪切强度、剥离强度、疲劳强度、冲击强度等，一般采用拉伸剪切强度作为胶结强度大小的主要评定指标。

影响胶结强度的因素有很多，最主要的有胶黏剂的选择、被粘物的性质、胶黏剂对被粘物表面的浸润性（或称湿润性）、粘接工艺及环境条件等。

1. 胶黏剂的选择

选择合适的胶黏剂是影响胶结强度的关键因素。而胶黏剂的选择主要参考以下几个方面：① 胶结强度；② 工作温度；③ 固化条件。

2. 被粘物的表面的状况

（1）被粘物表面的清洁度要求：被粘物表面应当清洁、干燥、无油污、无锈蚀、无漆皮，这些均会降低胶黏剂的湿润性，阻碍胶黏剂接触被粘物的基体表面。同时这些附着物的内聚力比胶层要小得多，易造成粘接强度降低。

（2）被粘物的表面要有一定的粗糙度，这样能增大粘接面积，增加机械结合力，防止胶层内微裂缝的扩展。但表面若过于粗糙，又会影响胶黏剂的湿润，表面凹处易残存气泡，反而使粘接强度降低（见图 11－5）。

（3）被粘物表面化学性质不同材料的被粘物表面，其表面张力大小、极性强弱、氧化膜致密程度等有着较大的差别。因此，会影响胶黏剂的湿润性和化学键的形成。

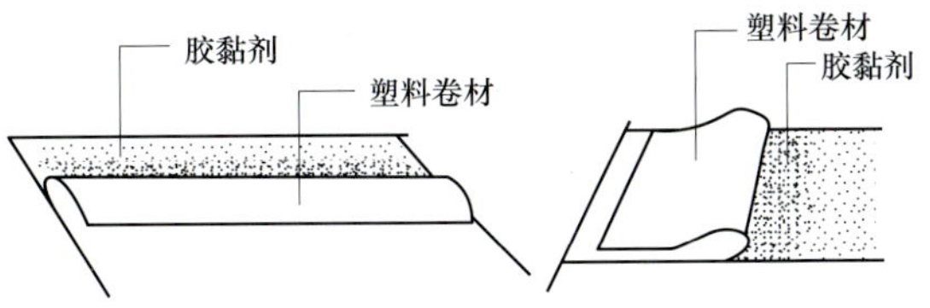

图 11－5　被粘物的表面状况示意图

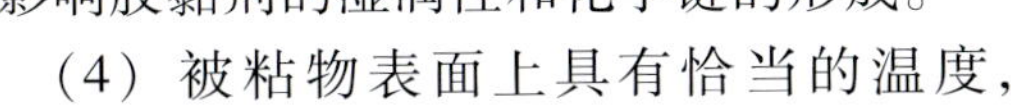

（4）被粘物表面上具有恰当的温度，可以增加胶黏剂的流动性和湿润性，有助于粘接强度的提高，但温度不能过高或过低。

例如：用胶黏剂铺贴木地板面层，应将基层表面清扫干净，然后按前述沥青玛碲脂铺贴时弹线的方法，弹出施工线。用干净棉纱或布将表面灰尘擦净，用刷子涂刷一层薄而均匀的底子胶。底子胶应采用原胶黏剂配制。如采用非水溶性胶黏剂，应按原胶黏剂重量加 10% 的 65 号汽油和 10% 醋酸乙酯，搅拌均匀即成底子胶（见图 11－6）。

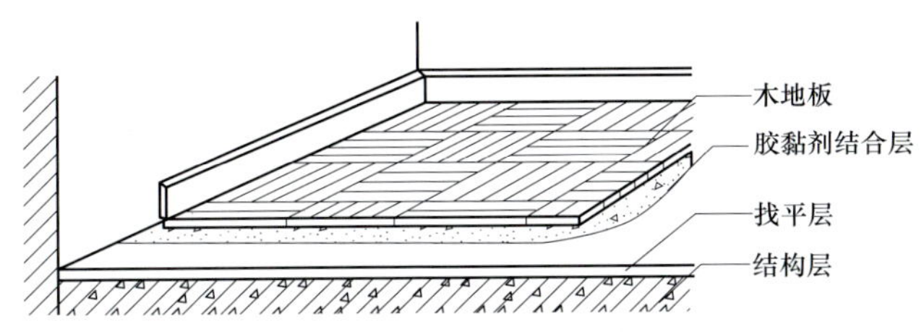

图 11－6　粘贴式木地板的构造示意图

3. 胶黏剂本身的性质

胶黏剂中的主要成分黏料直接影响粘接强度，不同的黏料有不同的粘接强度，同种黏料其相对分子质量对粘接强度也有很大的影响。相对分子质量低，黏度小，其湿润性和黏附性好，但胶层的内聚力小，胶层本身强度低；相对分子质量高，则情况相反。因此，胶黏剂的相对分子质量过高或过低，都不适宜，一定要选择黏度适当、湿润性好、内聚强度较大的物质做黏料。黏料中含有极性基团的多少与强弱也直接影响粘接强度，极性基团越多、越强，粘接强度越高。

4. 环境因素和接头形式

环境空气湿度大，胶层内的稀释剂不易挥发，容易产生气泡。空气中灰尘大、气温低时会降低胶结强度。粘接接头形式很多，接头设计的合理与否对胶结强度的影响很大，良好的胶结接头应搭接长度适当、宽度大、厚度适中，尽可能避免胶层承受弯曲和剥离作用。

二、胶粘剂的粘接工艺要求

（1）清洗要干净。必须认真对被粘物的表面进行清理，彻底清除被粘物表面上的水分、油污、锈蚀和漆皮等附着物，以保证粘接质量。

（2）胶层要匀薄。胶层的厚度也不能过薄，过薄易出现缺胶，更影响粘接效果。因此，要求胶层在均匀满涂的前提下，尽量使其厚度小些。

（3）晾置时间要充分粘接前一定要充分晾置，使稀释剂充分挥发，否则在胶层内会产生气孔和疏松现象，影响粘接强度。

（4）固化要完全固化时，一定时一定要掌握三个条件，即压力、温度和时间。加一定的压力，有利于胶液的流动和湿润，保证胶层的均匀和致密，使气泡从胶层中挤出。温度是固化的主要条件，适当提高固化温度，有利于分子间的渗透和扩散。过高的温度也会影响胶黏剂的湿润，产生内应力，反而使强度降低。

第十二章

建筑装饰涂料

涂料，有时俗称油漆。其实我们平常所说的油漆只是涂料的一种。涂料是一种材料，这种材料可以用不同的施工工艺涂覆在物件表面，形成黏附牢固、具有一定强度、连续的固态薄膜。它施工方便、干燥快、保色性及透气性好，具有不同的颜色，可根据不同的部位以及和家具颜色的匹配性等进行选择，也可以用各色颜料自行调配。伴随着国民经济各行业的发展，我国已成为世界第二大涂料生产国和消费国，进入到世界涂料行业发展的主流。涂料也已成为建筑装饰中非常重要的装饰材料之一（见图 12－1）。

图 12－1　市面常见涂料

第一节　涂料的基本知识

一、涂料的作用与组成

（一）作用

1. 保护作用

这是涂料最基本的功能。建筑暴露在大气环境中会遭受各种腐蚀因素的侵蚀，用涂料进行涂刷后，可以达到耐磨、耐腐蚀、耐污染等效果，从而延长建筑的使用寿命。

2. 装饰作用

涂层可以充分改变底层材料的外观，赋予其绚丽灿烂的色彩、不同的光泽、丰富的质感、表面花纹等美观和装饰效果，满足用户日益多样化和个性化的需求。

3. 特殊功能

一些特种涂料不仅具有保护建筑和装饰的作用，还能达到一些特殊功效，如建筑涂料中的屋顶防水、隔热、热反射涂料，内墙用的防水、防虫、防霉涂料等。

（二）组成

涂料主要由三部分组成：主要成膜物质、次要成膜物质和辅助成膜物质。

1. 主要成膜物质

主要成膜物质，也称胶黏剂或固着剂，是组成涂料的基础。它的作用是将涂料中的其他组分黏结在一起，并能牢固地附着在基层表面，形成连续均匀、坚韧的保护膜。大体分为两类：

（1）油脂。在涂料工业中，油脂（主要为植物油）是一种主要的原料，用来制造各种油类加工产品、清漆、色漆、油改性合成树脂以及作为增塑剂使用。在目前的涂料生产中，含有植物油的品种仍占较大比重。

（2）树脂。树脂包括天然树脂（如生漆、虫胶、松香脂漆）和一些人工合成树脂。这是目前用得最多的成膜物质。树脂涂料是现代涂料工业中产量最大、品种最多、应用最广的涂料。

2. 次要成膜物质

次要成膜物质的主要包括颜料和填料。

（1）颜料。颜料是一种不溶于水、溶剂或涂料基料的一种微细粉末状的有色物质，能均匀地分散在涂料介质中，涂于物体表面形成色层，是组成涂料的另一种主要成分。如白色主要成分为锌白、钛白等，黑色主要成分为炭黑、铁黑、石墨等，红色主要成分为朱砂、铁红、猩红等。颜料有防止紫外线穿透的作用，从而还可以提高涂膜的耐老化性及耐候性。

（2）填料。填料基本上没有遮盖力和着色力，但能增加涂膜的厚度和体质，从而提高涂料的物理化学性能。常用的有石膏（硫酸钙）、碳酸钙、碳酸镁、石粉（天然石灰石粉）、瓷土粉（高岭土）、石英粉（二氧化硅）等。

3. 辅助成膜物质

辅助成膜物质包括多种溶剂和助剂，其不能单独成膜，对涂料形成涂膜的过程或涂膜性能起辅助作用。

二、涂料的分类

除按标准分类外，还可以按其他方法进行分类，具体方法如下：

（1）按涂料的形态分：水性涂料、溶剂性涂料、粉末涂料、高固体分涂料等。

（2）按用途分：建筑涂料、罐头涂料、汽车涂料、飞机涂料、家电涂料、木器涂料、桥梁涂料、塑料涂料、纸张涂料等。

（3）按功能分：装饰涂料、防腐涂料、导电涂料、防锈涂料、耐高温涂料、示温涂料、隔热涂料等。

第二节　常用的建筑装饰涂料

建筑涂料与其他饰面材料相比，具有重量轻、色彩丰富、附着力强、施工简便、省工省料、维修方便、质感丰富、价廉质好以及耐水、耐污染、耐老化等特点。

一、内墙涂料

内墙涂料的主要功能是装饰及保护室内墙面，使其美观整洁，建立一个舒适的生活环境。内墙涂料具有以下性能：色彩丰富细腻，耐碱、耐水、耐粉化性好，吸湿排湿、透气性好，涂刷方便、重涂性好，无毒、无污染。

（一）刷浆材料

刷浆材料是我国传统的内墙装饰材料，因常采用板刷或排笔涂刷而得名。常用的有：①石灰浆，又称石灰水，是一种最简便的内墙涂料。优点是环保、价廉又可杀菌消毒，缺点是颜色单调，容易泛黄及脱粉。大白浆遮盖力较高，价格便宜，施工及维修方便，是一种常用的低档内墙涂料。②可赛银，它是以碳酸钙和滑石粉等为填料，以酪素为胶黏剂，掺入颜料混合而制成的一种粉末状材料，也称酪素涂料。

图 12－2　多种多样的乳胶漆效果

（二）乳胶漆

乳胶漆又称合成树脂乳液涂料，属于有机水性涂料，是目前比较流行的内外墙建筑装饰涂料。一般用于室内外墙面装饰，但不宜用于厨房、卫生间、浴室等潮湿墙面（见图 12－2）。

1. 特性

（1）覆遮性：覆遮性和遮蔽性是高质量乳胶漆的主要特征。

（2）附着力和易清洗性：具有良好附着力的乳胶漆能避免出现裂缝和瑕疵。易清洗性是指易清洗的乳胶漆在确保光泽和色彩的同时可以保持清洁。

（3）适用性：适用性好的乳胶漆在操作过程中不会引起气泡四处流溢等现象。

（4）防水功能：防水功能好的乳胶漆还具有良好的抗碳化、抗菌、耐碱性能。

（5）可弥盖细微裂纹：弹性乳胶漆具有特殊的“弹张”功能。

2. 表面特征鉴别

（1）亚光漆：无味无毒、遮盖力高、耐洗刷性好、附着力强、耐碱性好、安全环保、施工方便、流平性好，适用于工矿企业、机关学校、安居工程、民用住房等。

（2）丝光漆：具有丝绸光泽、遮盖力高、附着力强、抗菌、防霉性极佳、耐水耐碱性好，适用于医院、学校、宾馆、饭店、住宅楼、写字楼、民用住宅等。

（3）有光漆：色泽纯正、光泽柔和、附着力强、干燥快、耐候性好、遮盖力高、耐水防霉性好。

（4）高光漆：遮盖力极高、附着力高、耐洗刷性好、防霉抗菌性好、涂膜耐久性好，适用于高档豪华宾馆、寺庙、公寓、住宅楼、写字楼等。

（三）水溶性内墙涂料

水溶性内墙涂料是以水为溶剂，加入适量的填料、颜料和助剂，经过研磨、分散后制成的，属低档涂料，可分为Ⅰ类和Ⅱ类。

常用的水溶性内墙涂料包括聚乙烯醇水玻璃内墙涂料、聚乙烯醇缩甲醛内墙涂料和改性聚乙烯醇系内墙涂料。

（四）多彩内墙涂料

多彩内墙涂料简称多彩涂料，是一种国内外较为流行的高档内墙涂料，它是经一次喷涂即可获得具有多种色彩的立体涂膜的涂料。适用于建筑物内墙和顶棚水泥、混凝土、砂浆、石膏板、木材、钢、铝等多种基面的装饰（见图12－3）。

图12－3　内墙涂料效果

二、外墙涂料

外墙涂料的主要功能是装饰和保护建筑物的外墙，使建筑物外观整洁美观，达到美化环境的作用，延长其使用时间。其特点有装饰性好、耐水性好、耐候性好、耐污性强。

（一）乳液型外墙涂料

以高分子合成树脂乳液为主要成膜物质的外墙涂料称为乳液型外墙涂料（见图12－4）。

乳液型外墙涂料的主要特点如下：

（1）以水为分散介质，涂料中无有机溶剂，因而不会污染环境，不易燃，对人体的毒性小。

（2）施工方便，可刷涂、滚涂、喷涂，施工工具可以用水清洗。

（3）涂料透气性好，且含有大量水分，可在稍湿的基层上施工，非常适宜于建筑工地的应用。

（4）耐候性良好，尤其是高质量的外墙乳液涂料，其光亮度、耐候性、耐水性及耐久性良好。

（5）乳液型外墙涂料存在的主要问题是其在太低的温度下不能形成优质的涂膜，通常必须在10℃以上施工才能保证质量，因而冬季一般不宜应用。

（二）溶剂型外墙涂料

溶剂型涂料是以高分子合成树脂为主要成膜物质，有机溶剂为稀释剂，加入一定量的颜料、填料及助剂，经混合、搅拌溶解、研磨而配制成的一种挥发性涂料。由于涂膜较紧密，通常具有较好的硬度、光泽、耐水性、耐酸碱性、耐候性、耐污染性等优点；缺点是在施工过程中有大量有机溶剂挥发，容易污染环境，漆膜透气性差，又有疏水性，若在潮湿基层上施工，易产生起皮、脱落等现象。目前国内外这类外墙涂料的用量低于乳液型外墙涂料。

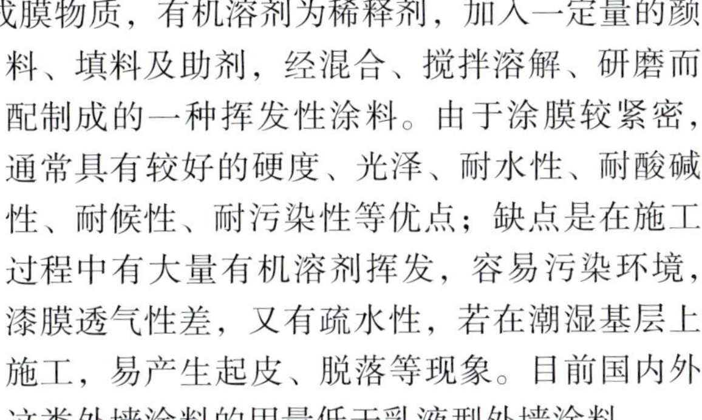

图12－4　外墙涂料效果

（三）无机硅酸盐外墙涂料

无机硅酸盐外墙涂料是以碱金属硅酸盐或硅溶胶为主要成膜物质，加入填料、颜料、助剂等配制而成的建筑外墙涂料。具有耐老化、耐高温、耐腐蚀、耐久、耐磨、涂膜硬度大等特点，若选材合理，耐水性能也好，原材料来源广泛，价格便宜，近年来受到国内外普遍重视，发展较快。广泛用于住宅、办公楼、商店、宾馆等的外墙装饰，也可用于内墙和顶棚等的装饰。无机硅酸盐外墙涂料具有如下性能。

（1）以水为分散介质，无毒、无臭，不污染环境。

（2）施工性能好，宜于刷涂、喷涂、滚涂和弹涂，工具可用水清洗。

（3）涂料对基层渗透力强，附着性好。

（4）遮盖力强，涂刷面积大。

（5）涂膜细腻，颜色均匀明快，装饰效果好。涂膜致密、坚硬，耐磨性好，可用水磨砂纸打磨抛光。

（6）涂膜不产生静电，不易吸附灰尘，耐污染性好。

（7）涂膜以硅溶胶为主要成膜物质，具有耐酸、耐碱、耐沸水、耐高温等性能，且不易老化，耐久性好。

（8）原材料资源丰富，价格较低。

图 12－5　地面涂料效果

三、地面涂料

地面涂料的主要功能就是装饰和保护地面，使地面清洁美观，同时结合内墙面、顶棚及其他装饰，创造优雅的环境。为了获得良好的装饰效果，地面涂料应具有以下特点：耐碱性好、耐水性好、耐磨性好、抗冲击力强、硬度高、黏结力强、施工方便及价格合理等（见图 12－5）。地面涂料的分类如下：

（一）木地板涂料

木地板涂料又称地板漆，它的品种较多，一般只用作木地板的保护，耐磨性差。各种地板漆的性能和用途见表 12－1。

表 12－1　各种地板漆的性能和用途

名　称	性能及特点	适　用　范　围
聚氨酯清漆	耐水、耐磨、耐酸碱、易洗净；漆膜美观、光亮、装饰性好	防酸碱、耐磨损的模板表面，运动场体育馆地板，混凝土地面
酯胶磁漆（地板清漆 T80－1）	易干、涂膜光亮坚韧，对金属附着力强，有一定的耐水性	室内、外不常曝晒的木材或金属
钙酯地板漆	漆膜坚硬、平滑光亮、干燥较快、耐磨性好，有一定的耐水性	适用于显露木质纹理的地板、楼梯、扶手、栏杆等
紫红酚醛地板漆	干燥迅速、遮盖力强、附着力强、耐磨和耐水性好	适用于木质地板、楼梯、扶手、栏杆

（二）过氯乙烯地面涂料

过氯乙烯地面涂料属于溶剂型地面涂料。溶剂型地面涂料是以合成树脂为基料，掺入颜料、填料，各种助剂及有机溶剂配制而成的一种地面涂料。这类涂料涂刷在地面上以后，随着有机溶剂挥发而成膜硬结。

这类涂料的特点有耐水性好、耐磨性较好、耐化学腐蚀性强、干燥快、重涂性好、施工方便等。由于含有大量易挥发、易燃的有机溶剂，因此在配制涂料及涂刷施工时应注意防火防毒。

（三）环氧树脂涂料

环氧树脂涂料是以环氧树脂为主要成膜物质的双组分常温固化型涂料。特点有涂膜坚韧、耐磨、耐化学腐蚀、耐油、耐水、耐老化、耐候、耐久等良好性能，黏结力强，装饰效果好，施工复杂，而且施工时应注意通风、防火、地面含水率不大于8%。

（四）聚醋酸乙烯水泥涂料

聚醋酸乙烯水泥涂料是由聚醋酸乙烯水乳液、普通硅酸盐水泥及颜料、填料配制而成的一种地面涂料。可用于新旧水泥地面的装饰，是一种新颖的水性地面涂布材料。其形成的涂层具有优良的耐磨性、抗冲击性，色彩美观大方，表面有弹性，外观类似塑料地板，对人体无毒害，早期强度高，与水泥地面基层的黏结牢固，原材料来源丰富，价格便宜，配制工艺简单。适用于民用住宅室内地面的装饰，亦可取代塑料地板或水磨石地坪，用于某些实验室、仪器装配车间等地面，涂层耐久性约为10年。

四、功能性建筑涂料

具有特殊功能的涂料称为功能性建筑涂料，如防水涂料、防火涂料、建筑保温隔热涂料、防霉防腐涂料、耐温耐湿涂料等。功能性建筑涂料是建筑涂料的重要组成部分，随着现代涂料的发展，性能不断提高，用途不断拓宽，也将应用到各个方面。其中防火涂料、防水涂料用量较大，逐一介绍。

（一）防火涂料

防火涂料又称阻燃涂料，是一种涂刷在建筑物某些易燃材料表面能提高其耐火能力，给人们提供一定灭火时间的涂料（见图12－6）。

防火涂料根据防火原理分为非膨胀型涂料和膨胀型防火涂料两种。

非膨胀型防火涂料是由不燃性或难燃性合成树脂，难燃剂和防火填料组成，其涂层不易燃烧。

膨胀型防火涂料是在上述配方基础上加入成碳剂、脱水成碳催化剂、发泡剂等成分制成，涂层在高温下会发生膨胀，形成比原涂料厚几十倍的泡沫状碳化层，有效地阻挡高温对基材的传导作用，从而阻止燃烧进一步扩展。其阻止燃烧的效果优于非膨胀型防火涂料。

图12－6 涂刷防火涂料

（二）防水涂料

防水涂料是指形成的涂膜能够防止雨水或地下水渗漏的一类涂料。按其状态可分为溶剂型、乳液型和反应固化型三类。

溶剂型防水涂料是以各种高分子合成树脂溶于溶剂中制成的防水涂料，快速干燥，可低温操作施工。

乳液型防水涂料是应用最多的涂料，它以水为稀释剂，有效降低了施工污染、毒性和易燃性。

反应固化型防水涂料是以化学反应型合成树脂（如聚氨酯、环氧树脂等）配以专用固化剂制成的双组分涂料，是具有优异防水性、变形性和耐老化性能的高档防水涂料。

附录 A

居室空间装饰工程施工案例

一、工程名称

本工程为三室两厅室内装修工程。

二、装饰平面图、效果图设计

本工程为三居室室内装修工程，设计与施工时应满足以下要求：

（1）地面：地面要满足防滑、防水、防潮、防静电、耐磨、耐腐蚀、隔声、吸声、易清洁的功能要求。

（2）墙面：墙面要具有挡视线，较高的隔声、吸声、保暖、隔热的特点。

（3）顶面：顶面要满足质轻、光反射率高，较高的隔声、吸声、保暖、隔热的功能要求（见附图 A－1 和附图 A－2）。

附图 A－1　三室两厅平面图设计

三、施工程序与顺序

室内装修工程通常分为石工、水电工、泥瓦工、木工、漆工、清洁工、搬运工等。

装修大致按以下步骤进行：

（1）石工：打线槽。所有管线线槽（给排水路、强弱电路）以及按设计要求的墙体等的拆除、开洞等。

（2）水电工：布线。电路、水路、气路的安装布置。

（3）泥（水）瓦工：土建及墙、地砖面饰，填埋线槽、建墙、各项天地墙面修补、地砖墙砖铺贴。

附图 A－2　三室两厅客厅效果图设计

（4）木工：装饰及家具制作，按设计要求的所有装饰面（天地墙面）以及家具等。

（5）漆工：家具及墙体等饰面。所有木质家具、装饰面的面饰、天棚及墙面的粉饰（乳胶漆、墙纸墙布）。

（6）水电工：灯具、洁具安装。

（7）其他，木地板窗帘安装、自购五金挂件的安装、整体清洁。

四、主要分项工程施工

（一）轻钢龙骨石膏板吊顶工程

1. 施工工艺

吊顶施工中采取整体施工、局部避让的方法，待其他工种结束后再补齐剩余部分，做到灵活穿插（见附图 A－3）。

附图 A－3　客厅顶棚龙骨安装

工艺流程为施工准备→放线→吊筋→龙骨安装→面板安装→涂料。

2. 施工方法

（1）根据施工图先在墙、柱上弹出顶棚标高水平墨线，在顶棚上划出吊杆位置，弹线时，既要保证吊杆的间距保持在 800～1200mm 之间，又要使吊筋、主龙骨位置不与灯具发生冲突。

（2）钻眼安装 $\phi 8$ 配套金属膨胀螺栓，悬挂吊筋。

（3）安装主龙骨，划出次龙骨位置，将次龙骨用卡件连接于主龙骨；主龙骨与主挂件、次龙骨与主龙骨应紧贴密实且间距不大于 1mm，接着安装横撑龙骨。龙骨水平调正固定后，进行中间质量验收检查，待设备及电气配管的安装，全部该做的隐蔽工程完成后必经验收合格后方可封板。

(4) 为了消除顶棚由于自重产生的下沉，吊顶龙骨必须起拱，由中间部分起拱，高度应不小于房间短向跨度的1/200。吊杆与结构连接应牢固，凡在灯具、风口等处用附加龙骨加固，龙骨吊杆不得与水管、强弱电、灯具、通风等设备吊杆共用。

(5) 吊顶造型一般采用木基层，如细木工板。细木工板的拼接采用带胶“燕尾”接，在地面制作成型，表面经防火处理后吊挂安装。造型需单独安装吊筋并且要适当减小间距，造型较重则需采用角钢作为吊筋，吊筋与造型通过铁件用对接螺栓固定。为保证吊顶的整体稳定性，吊顶龙骨需与造型连接固定，整体调平。

(二) 墙地砖铺贴工程

1. 墙砖的施工工艺流程

基层清扫处理→抹底子灰→选砖→浸泡→排砖→弹线→粘贴标准点→粘贴瓷砖→勾缝→擦缝→清理。

2. 墙砖施工要点

(1) 基层处理时，应全部清理墙面上的各类污物，并提前一天浇水湿润。

(2) 混凝土墙面应凿除凸起部分，将基层凿毛，清净浮灰（或用107胶的水泥砂浆拉毛）。抹底子灰后，底层六七成干时，进行排砖弹线。

(3) 正式粘贴前必须粘贴标准点，用以控制粘贴表面的平整度，操作时应随时用靠尺检查平整度，不平、不直的，要取下重贴（附图A-4）。

附图A-4　墙砖铺设放样

(4) 瓷砖粘贴前必须在清水中浸泡两小时以上，以砖体不冒泡为准，取出晾干待用。

(5) 铺粘时遇到管线、灯具开关、卫生间设备的支撑件等，必须用整砖套割吻合。

(6) 镶贴完，用棉丝将表面擦净，然后用白水泥浆擦缝。

3. 地砖的施工工艺流程

处理基层→弹线→瓷砖浸水湿润→摊铺水泥砂浆→安装标准块→铺贴地面砖→勾缝→清洁→养护。

4. 铺贴陶瓷地砖的施工要点

(1) 混凝土地面应将基层凿毛，凿毛深度5~10mm，凿毛痕的间距为30mm左右。之后，清除浮灰、油渍，刷水泥砂浆。

(2) 铺贴前应弹好线，在地面弹出与门道口成直角的基准线，弹线应从门口开始，以保证进口处为整砖，非整砖置于阴角或家具下面，弹线应弹出纵横定位控制线。

(3) 铺贴陶瓷地面砖前，应先将陶瓷地面砖浸泡阴干。

(4) 铺贴时，水泥砂浆应饱满地抹在陶瓷地面砖背面（附图A-5），铺贴后用橡皮锤敲实。同时，用水平尺检查校正，擦净表面水泥砂浆（附图A-6）。

(5) 铺贴完2~3h后，用白水泥擦缝，缝要填充密实，平整光滑，最后用棉丝将表面擦净。

(三) 复合木地板铺装施工工艺

铺装复合木地板所需要的装修辅料：胶黏剂、防潮垫、隔声垫、收口条、地板专用胶、尺子、木锯等施工工具。

附图 A-5 地砖铺设工艺要求

附图 A-6 地砖铺设铺贴后用橡皮棰敲实

复合木地板是近年来使用的新型地面材料，它具有强度高、耐磨性好，易于清理，且具有原木地板的天然木感，施工工艺简单、易操作等特点。复合木地板一般是采用悬浮铺装法，以下是铺装流程及注意事项。

基层处理→防水薄垫铺设→复合木地板铺设→清洁保护。

（1）基层处理：基层上的砂浆、垃圾和杂物清扫干净。

（2）复合木地板采用悬浮式安装，底层附带防水薄垫。

（3）复合木地板依据设计的排列方向铺设，每个房间找出一个基准边统一带线，周边缝隙保留 8mm 左右，企口拼接时满涂特种防水胶，缝隙紧密后及时擦清余胶。当长度超过 8mm，宽度超过 5mm 时，则要设伸缩缝，安装专用卡条。不同地材收口处需要装收口条，拼装时不要锤击表面、企口，必须用垫木（见附图 A-7）。

附图 A-7 复合地板铺设工艺

附录 B

商业银行网点室内改造装修工程案例

一、工程名称

商业银行网点室内改造装修工程。

二、工程设计概况

本项目为商业银行网点的室内改造装修工程，施工主要范围及内容见附表 B－1。

附表 B－1　　施工主要范围及内容

施工范围	地面	1. 营业大厅地面满铺 1000mm×1000mm 全瓷米黄色地砖； 2. 大会议室、接待室、小会议室、办公室地面为块毯； 3. 档案室、仓库、更衣室地面满铺 600mm×600mm 全瓷地砖； 4. 开敞办公区地面铺塑胶地板； 5. 男、女公共卫生间地面及地台满铺 300mm×300mm 防滑地砖
	墙面	1. 大会议室、办公室、接待室、小会议室、更衣室、开敞办公区等办公空间墙面为壁纸饰面，上部为 240mm 白色乳胶漆饰面，不锈钢条嵌饰，100mm 不锈钢饰面踢脚； 2. 营业大厅、档案室、仓库墙面为白色乳胶漆饰面，100mm 不锈钢饰面踢脚； 3. 男、女公共卫生间为 300mm×450mm 墙砖铺贴
	顶面	1. 营业大厅、大会议室为轻钢龙骨石膏板吊顶，筒灯镶嵌； 2. 办公室、档案室为轻钢龙骨石膏板吊顶，600mm×600mm 格栅灯嵌饰；开敞办公区为 600mm×1200mm 微孔铝板吊顶，600mm×1200mm 格栅灯镶嵌； 3. 仓库、更衣室为轻钢龙骨石膏板吊顶，安装吸顶灯； 4. 男、女公共卫生为轻钢龙骨防水石膏板吊顶，局部乳化玻璃，安装防雾筒灯

三、施工程序与顺序

内隔墙安装、砌筑→墙面修理→立门窗口→内墙抹灰→地面垫层→墙顶刮腻子→吊顶→门窗安装→涂料→水电安装→油漆五金→清扫竣工。

四、主要分项工程施工

在经过基本的抹灰工程后，可进行内墙及地面的装饰装修。这里重点介绍内墙饰面工程、顶棚工程及柱体工程的施工。

1. 轻钢龙骨隔墙饰面工程

本项目的内墙大部分采用轻钢龙骨隔断封石膏板乳胶漆墙面，施工工艺为：墙位放线→墙基施工→安装沿地、沿顶龙骨→安装竖向龙骨→固定各种洞口及门→安装一侧石膏板→暖卫水电等钻孔下管、穿线→安装隔音棉→安装另一侧石膏板→接缝处理→连接固定设备、电气→基层处理→刮第一遍腻子→刮第二遍腻子→腻子打磨→刷第一遍漆→刷第二遍漆→墙面修整→踢脚线施工。

现以办公室墙面为例，根据平面布置图确定的墙位，在地面放出墙位线并将其引至顶棚和侧墙。先将边框龙骨（沿地、沿顶和沿墙柱龙骨）与主体结构固定。固定前，在沿地、沿顶龙骨与地、顶面接触处，先要铺填一层橡胶条或沥青泡沫塑料条。边框龙骨与主体结构的固定，可采用射钉。

对已确定的龙骨间距，在沿地、沿顶龙骨上分档划线，安装竖向龙骨。当隔墙高度超过石板的长度时，应设水平龙骨，一般用以下连接方式：① 采用沿地、沿顶龙骨与竖向龙骨连接；② 采用竖向龙骨用卡托和角托连接与竖向龙骨。通贯横撑龙骨必须与竖向龙骨的冲孔保持在同一水平上，并卡紧固。

附图 B－1 轻钢龙骨隔墙内充隔声矿岩棉

石膏板应竖向排列，从板的中间向两边固定。石膏板与龙骨固定，应采用十字头自攻螺丝固定。在封好一面后，用保温隔音矿岩棉填充（见附图 B－1），再用防锈漆将自攻丝处理，并刮嵌缝腻子。

基层处理完毕后，刮三遍腻子不能有遗漏或将腻子磨穿，然后就可以进行墙面乳胶漆或壁纸的施工。

2. 顶棚装修工程

本项目吊顶部分基本采用轻钢龙骨封纸面石膏板，部分做造型处理。现以大会议室顶面为例做具体介绍（见附图 B－2）。

操作工艺为：弹顶棚标高水平线→划分龙骨分档线→电锤打孔→安装胀栓固定吊杆→安装主龙骨→安装次龙骨→安装面板。

具体做法为：

（1）弹吊顶标高线，根据现场的实际情况配合水电、通风、空调、消防等专业进行确定。

（2）再划分龙骨分档线，主龙骨应沿灯具的长向布置，轻钢龙骨间距 600mm，吊杆原则上间距 1200mm。然后安装吊杆、吊件，根据龙骨分档线在吊杆位置打孔安装膨胀螺栓，刷防锈漆两遍。吊杆间距 1200mm。吊杆距主龙骨端部的距离不得超过 300mm，否则应增设吊杆。

（3）安装主龙骨。主龙骨通过吊件与吊杆连接，在主龙骨端部用连接件连接，拉线调直。

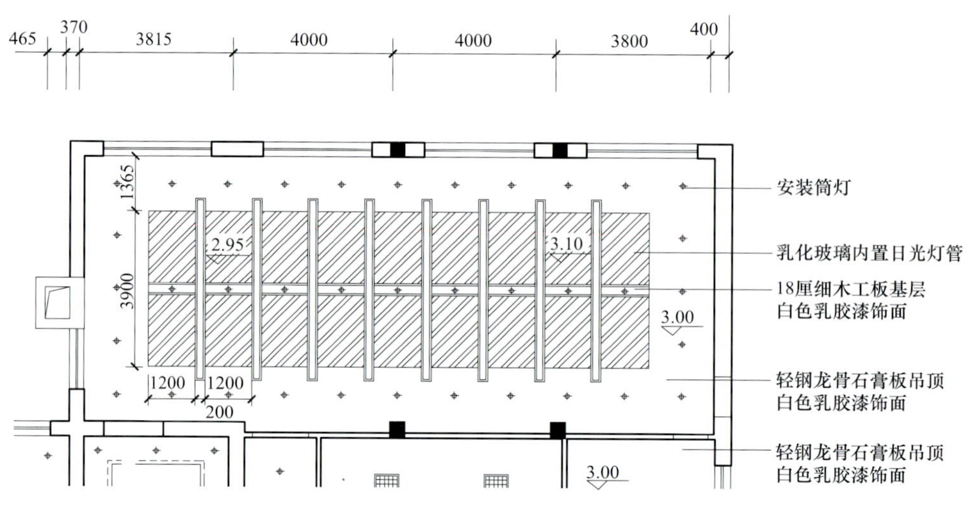

附图 B-2 大会议室顶棚图

（4）安装次龙骨：根据图纸中排板方案，卡设主龙骨吊挂件；吊挂次龙骨间距 600；次龙骨与通长龙骨搭接处的间隙不得大于 1mm。

（5）安装边龙骨：安装前，吊顶处墙面必须经嵌缝石膏找平。边龙骨用射钉固定，间距 500mm（见附图 B-3）。

（6）安装纸面石膏板：安装时使用自攻螺钉，钉距以 150～170mm 为宜，钉眼应作防锈处理并用石膏腻子抹平（见附图 B-4）。

附图 B-3 大会议室顶棚龙骨完成，局部封纸面石膏板完成

附图 B-4 大会议室顶棚基本完成

（7）安装日光灯管及乳化玻璃片。

3. 柱体装修工程

作为大型公共空间，柱体是不可忽略的建筑构件。同时在其室内装修中，柱体的装饰装修也一直是很重要且易出彩的地方。现结合本项目介绍最基本的柱体装修方法，即在原土建柱上制作木龙骨骨架，再覆装饰铝单板（见附图 B-5 和附图 B-6）。

（1）木龙骨骨架制作工艺。木骨架是用木方连接成框体，主要用于木材油漆饰面、粘贴饰面板、不锈钢饰面板等。

1）竖向龙骨定位。① 从画出的装饰柱顶面线向底面线吊垂直线作为基准线。② 沿着垂线，在顶、地面之间竖起竖向龙骨，其间距按施工图要求为300mm。③ 竖间龙骨校正后，用角铁分别在柱体的顶部和底部将竖向龙骨固定。

2）制作横向龙骨。其作用一方面是龙骨架的支撑件，另一方面是造型。因此，在圆形或有弧形的装饰柱体中横向龙骨需制作出弧线形。

3）横向龙骨与竖向龙骨的连接。① 连接前，必须在柱顶与地面之间设置形体位置控制线。控制线主要是吊垂线和水平线。② 木龙骨的连接通常是圆柱等弧形面柱体用槽接法，而方柱和多角柱可用加胶钉接法。③ 槽接法是在横向、竖向龙骨上分别开出半槽，两龙骨在槽口出处对接，槽接法也需在槽口处加胶加钉固定。④ 横向龙骨之间的间隔距离通常为300mm或400mm。

4）柱体骨架与建筑柱体的连接。为保证装饰柱体的稳固，通常在原建筑柱体上安装支撑杆件，使之与装饰柱体骨架固定连接。① 支撑杆用木方。② 固定方法：用木楔与建筑柱体连接。

这里要注意的是，木楔与木龙骨都应做防腐处理，刷防火涂料三遍（见附图B-7）。

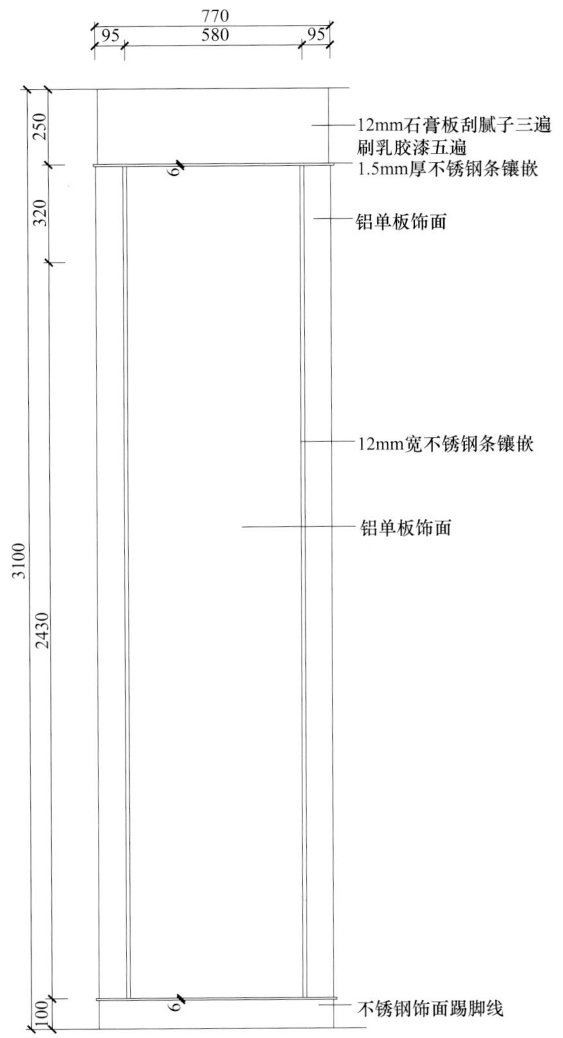

附图B-5 大厅柱体立面图（单位：mm）

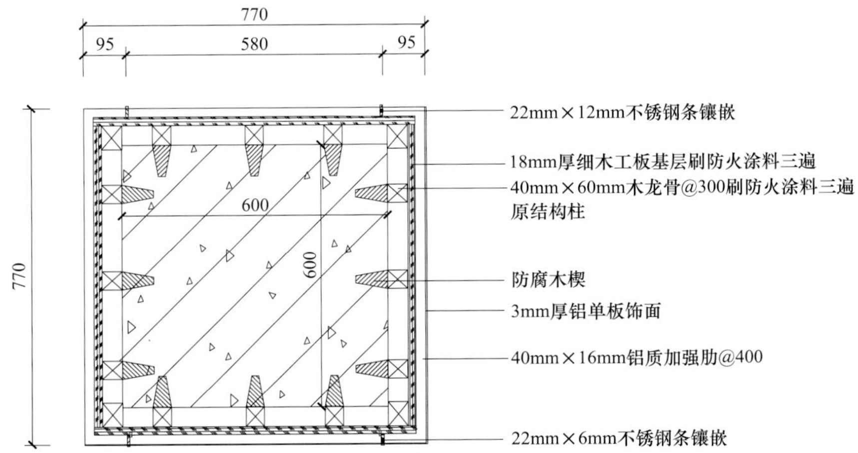

附图B-6 大厅柱体剖面图

（2）覆面层。

本项目中柱体的装修比较简单，在木龙骨制作好后，开始进行面层的安装。

首先是用18mm厚的细木工板做基层，将其与木龙骨连接固定，同样需进行防腐处理。然后在细木工板及铝板上弹出安装定位线，两个面均涂抹万能胶，3～5min后按照定位线粘贴、压实，完成后安装不锈钢装饰条即可（见附图B－8）。

附图B－7　大厅柱体施工中

附图B－8　大厅柱体基本完成

作为银行网点，它既是银行工作人员的办公空间，也要面对大量的客户人群，其室内环境的总体设计原则应是：突出现代、高效、简洁与人文化的特点，体现自动化，并使办公环境整体统一。装修时，一方面要合理提高室内环境的物质水准，满足使用功能；另一方面要提高室内空间的生理和心理环境质量，使人从精神上得到以满足，以有限的物质条件创造尽可能多的精神价值。

参　考　文　献

［1］刘念华，张平，苗蕾．装饰裱糊与软包工程．北京：化学工业出版社，2009.

［2］刘经强，郭丹，刘斌．装饰隔墙与隔断工程．北京：化学工业出版社，2009.

［3］何茂农，王佃亮，李琪．装饰门窗工程．北京：化学工业出版社，2008.

［4］王春堂，王玉峰，胡琳琳．装饰抹灰工程．北京：化学工业出版社，2008.

［5］张玉明，马品磊．建筑装饰材料与施工工艺．济南：山东科学技术出版社，2004.

［6］高卿，张春霞．建筑装饰构造．北京：机械工业出版社，2009.

［7］刘超英．建筑装饰装修构造与施工．北京：机械工业出版社，2008.

［8］赵志文，张吉祥．建筑装饰构造．北京：北京大学出版社，2009.

［9］薛健，周长积．装修构造与作法．天津：天津大学出版社，1998.

［10］张宗森．建筑装饰构造．北京：中国建筑工业出版社，2006.

［11］万治华．建筑装饰装修构造与施工技术．北京：化学工业出版社，2006.

［12］李栋．室内装饰材料与应用．南京：东南大学出版社，2005.

［13］高海燕，李洪军．建筑装饰材料．北京：机械工业出版社，2009.

［14］马品磊．装饰材料与工程实践．北京：中国电力出版社，2008.

［15］葛新亚，郭志敏，张素梅．建筑装饰材料．武汉：武汉理工大学出版社，2004.

［16］王汉立．建筑装饰构造．武汉：武汉理工大学出版社，2004.

［17］张若美，万治华，吴自强，仇学南．建筑装饰施工技术．武汉：武汉理工大学出版社，2006.

［18］李远，宋春燕，丁立伟．展示设计与材料．北京：中国轻工业出版社，2007.

［19］赵志文，张吉祥．建筑装饰构造．北京：北京大学出版社，2009.